高等职业院校前沿技术专业特色教材

计算机组装与维护

实用教程

◎ 王正万 钟国生 李远英 主编

王佳祥 罗胜 刘贝贝 管求林 侯永喜 副主编

清華大学出版社

北京

内 容 简 介

本书由贵州电子信息职业技术学院、贵州交通职业技术学院、贵州工商职业学院、黔东南民族职业技术学院、贵州省电子信息技师学院等高职院校多名教学经验丰富的教师与企业工程师联合编写，内容实用，紧密结合市场发展和企业需求。

本书以项目任务驱动为载体，详细介绍了最新计算机硬件和软件系统安装与维护基础，本着"理论够用、重在实践"的原则，突出计算机信息技术技能的培养，融入课程思政，推动"三教改革"。本书教学资源请扫描前言的二维码使用。

本书适合职业院校和各类技术学校作为教材使用，也可作为企业相关工作人员和计算机爱好者的参考用书。

图书在版编目(CIP)数据

计算机组装与维护实用教程/王正万，钟国生，李远英主编. —北京：清华大学出版社，2020.9(2023.1重印)
高等职业院校前沿技术专业特色教材
ISBN 978-7-302-56022-7

Ⅰ. ①计… Ⅱ. ①王… ②钟… ③李… Ⅲ. ①电子计算机－组装－高等职业教育－教材 ②计算机维护－高等职业教育－教材 Ⅳ. ①TP30

中国版本图书馆 CIP 数据核字(2020)第 127077 号

责任编辑：张 弛
封面设计：刘 键
责任校对：赵琳爽
责任印制：丛怀宇

出版发行：清华大学出版社
网　　址：http://www.tup.com.cn，http://www.wqbook.com
地　　址：北京清华大学学研大厦 A 座　　**邮　　编**：100084
社 总 机：010-83470000　　**邮　　购**：010-62786544
投稿与读者服务：010-62776969，c-service@tup.tsinghua.edu.cn
质量反馈：010-62772015，zhiliang@tup.tsinghua.edu.cn
课件下载：http://www.tup.com.cn，010-83470410
印 装 者：北京国马印刷厂
经　　销：全国新华书店
开　　本：185mm×260mm　　**印　　张**：10　　**字　　数**：224 千字
版　　次：2020 年 9 月第 1 版　　**印　　次**：2023 年 1 月第 4 次印刷
定　　价：40.00 元

产品编号：089342-01

高等职业院校前沿技术专业特色教材

本书编写组

丛书主编：

杨云江

主　编：

王正万　钟国生　李远英

副主编：

王佳祥　罗　胜　刘贝贝　管求林　侯永喜

参编（排名不分先后）：

王爱红　谢榜亚　米树文　吴　勇

卢德娟　陈海英　李徐梅　景　涛

陈　翔　叶艳平　江道全

丛书序

多年来，党和国家在重视高等教育的同时，给予了职业教育更多关注，2002 年和 2005 年国务院先后两次召开了全国职业教育工作会议，强调要坚持大力发展职业教育。2005 年下发的《国务院关于大力发展职业教育的决定》，更加明确了要把职业教育作为经济社会发展的重要基础和教育工作的战略重点。党和国家领导人多次对加强职业教育工作做出重要指示。党中央、国务院关于职业教育工作的一系列重要指示、方针和政策，体现了对职业教育的高度重视，为职业教育指明了发展方向。

高等职业教育是职业教育的重要组成部分。由于高等职业学校着重于学生技能的培养，学生动手能力较强，因此其毕业生越来越受到各行各业的欢迎和关注，就业率连续多年都保持在 90%以上，从而促使高等职业教育呈快速增长的趋势。自 1996 年开展高职教育以来，高等职业院校的招生规模不断扩大，发展迅猛，仅 2019 年就扩招了 100 万人，目前，全国共有高等职业院校 1300 多所，在校学生人数已达 1000 余万。

质量要提高、教学要改革，这是职业教育教学的基本理念，为了达到这个目标，除了要打造良好的学习环境和氛围、配备优秀的管理队伍、培养优秀的师资队伍和教学团队外，还需要高质量的、符合高职教学特点的教材。根据这一理念，丛书编审委员会以贵州省建设大数据基地为契机，组织贵州、云南、山西、广东、河北等省 20 多所高等职业院校的一线骨干教师，经过精心组织、充分酝酿，并在广泛征求意见的基础上，编写出这套“高等职业院校前沿技术专业特色教材”系列丛书，以期为推动高等职业教育教材改革做出积极而有益的贡献。

按照高等职业教育新的教学方法、教学模式及特点，我们在总结传统教材编写模式及特点的基础上，对“项目-任务驱动”的教材模式进行了拓展，以“项目＋任务导入＋知识点＋任务实施＋上机实训＋课外练习”的模式作为本丛书主要的编写模式，但也有针对以实用案例导入进行教学的“项目-案例导入”结构的拓展模式，即“项目＋案例导入＋知识点＋案例分析与实施＋上机实训＋课外练习”的编写模式。

本丛书具有以下主要特色。

(1) 本丛书涵盖了全国应用型人才培养信息化前沿技术的四大主流方向：云计算与大数据方向、智能科学与人工智能方向、电子商务与物联网方向、数字媒体与虚拟现实方向。

(2) 注重理论与实践相结合，强调应用型本科及职业院校的特点，突出实用性和可操作性。从书的每本书都含有大量的应用实例，大部分书中都有1～2个完整的案例分析，旨在帮助读者在每学完一门课程后都能将所学的知识运用到相关工程中。

(3) 每本书的内容全面且完整、结构安排合理、图文并茂；文字表达清晰、通俗易懂、内容循序渐进，旨在很好地帮助读者学习和理解教材的内容。

(4) 每本书的主编及参编者都是长期从事前沿技术相关专业教学的高职教师，具有较深的理论知识，并具有丰富的教学经验。本丛书就是这些教师多年教学经验的结晶。

(5) 本丛书的编审委员会成员由有关高校及高职专家、学者及领导组成，以求更好地保证教材质量。

(6) 丛书呈现了教学资源的融媒体应用，将主要教学视频、教学课件、素材资源等参考资料都以二维码呈现在书中。

(7) 每本书最后所附的"英文缩写词汇"列出了书中出现的英文缩写词汇的英文全称及中文含义，另外还附有"常用专业术语注释"，对书中主要的专业术语进行了注释。这两个附录对于初学者以及职业院校的学生理解书中的内容是十分有用的。

希望本丛书的出版能为我国高等职业教育尽微薄之力，更希望能给高等职业学校的教师和学生带来新的感受和帮助。

谢　泉

2020年5月

前言

计算机的产生和发展彻底改变了人们的工作和生活方式，为人们带来极大方便的同时，也对我们使用与维护计算机提出更高的要求。为此，我们组织教学经验丰富的"双师型"骨干教师联合企业工程师编写了这本适合在校学生和广大计算机爱好者使用的《计算机组装与维护实用教程》。

本书共10个项目，内容包括计算机系统基础知识、认识和选购计算机主机部件、认识和选购计算机外设和其他部件、计算机硬件组装与维护、BIOS参数设置应用、操作系统安装（Windows 10）、常用工具软件使用、计算机硬件故障处理、操作系统维护与故障处理、计算机常见网络故障处理；本书后附3个附录，内容包括计算机硬件检测工具使用、计算机英文缩略词汇、常用专业术语注释。

本书教学内容和结构合理，条理清晰。教师备课、讲解、指导实习均轻松、方便，鼓励学生通过课本、市场、网络等渠道全方位地学习，使教与学、学与用紧密结合。全书以项目为载体，任务驱动，并将思政教育内容有效融入课程，强化职业素养提升，有助于实现课程教学目标。

本教材是在广泛征求高等职业院校授课教师意见基础上，由8所职业院校和2家企业联合编写而成，使教材内容能紧跟市场发展和企业需求的变化，采用"学练做训"一体，以学习者为中心，充分体现了现代高等职业教育特色。项目1、2、4和附录主要由王正万编写，王爱红、谢榜亚参编；项目3、5主要由钟国生编写，吴勇和卢德娟参编；项目6主要由罗胜编写，李徐梅参编；项目7主要由管求林编写，米树文参编；项目8主要由李远英编写，陈海英、叶艳平参编；项目9主要由王佳祥编写，陈翔参编；项目10主要由刘贝贝、侯永喜编写，景涛和江道全参编。

全书由王正万统稿，由王正万、钟国生、李远英担任主编；王佳祥、罗胜、刘贝贝、管求林、侯永喜担任副主编；丛书主编杨云江教授负责书稿架构、目录和书稿内容的初审工作。

本书在编写过程中得到了许多兄弟院校教师和相关企业的关心和帮助，并提出许多宝贵的修改意见，对于他们的关心、帮助和支持，编者表示十分感谢！

由于计算机应用技术发展迅速，应用软件版本日益更新，加上编者水平有限，疏漏之处在所难免，恳请广大专家和读者批评指正。

编　者
2020年8月

目 录

项目 1

计算机系统基础知识

任务导入

当前，计算机已经是人类学习、研究、娱乐、工作、生活等多个领域必不可少的工具。熟练和规范操作计算机，掌握计算机组装维护基础技能已成为当前人们提高信息素养所应具备的基础技能。

主要内容及目标

(1) 了解计算机发展历史。

(2) 理解计算机系统结构、分类及应用领域。

(3) 理解计算机系统的主要性能指标。

任务 1　了解计算机发展历史

学习情境 1　认识世界上第一台电子数字计算机

1946 年，世界上第一台电子数字计算机在美国产生，耗电功率 150kW/h，运算速度 5000 次/s，重量达 30t，占地面积 170m^2，名为电子数值积分和计算机（Elextronic Numerical Integrator And Computer，ENIAC），主要用于数值计算，如图 1.1 所示。

图 1.1　第一台电子数字计算机

学习情境 2　了解计算机发展历程

按组成结构、运算速度和存储容量的不同，可将计算机分为巨型计算机、大型计算机、中型计算机、小型计算机和微型计算机。平时我们办公和学习用的计算机就是微型计算机。微型计算机具备体积小、价格低、操作简单、用户广、稳定性高等特点。根据硬件特点，计算机经过了第一代电子管计算机(1946—1959 年)，第二代晶体管计算机(1959—1964 年)，第三代小规模集成电路计算机(1964—1975 年)，第四代大规模和超大、极大规模集成电路(1975 年以后)的发展阶段。

从 20 世纪 70 年代起，随着大规模和超大、极大规模半导体集成电路技术快速发展和应用，计算机硬件体积越来越小，成本越来越低，功能越来越强，应用需求越来越大，针对个人的计算机(personal computer，PC)出现了，1981 年 IBM 推出首款个人微型计算机(Micro Computer)，简称微机，本书的介绍对象主要是微机。

计算机系统的发展历程如表 1.1 所示。

表 1.1　各代计算机发展的典型参数

序号	起始年代	CPU	字长	内存容量	工作频率	硬盘	总线	显示器	操作系统
1	1981	8088	16 位	64KB～1MB	4.77～10MHz	10MB	PC	单色文本	DOS 1.0
2	1984	80286	16 位	1～2MB	20MHz	20MB	ISA	EGA	DOS 3.0
3	1987	80386	32 位	4MB	33MHz	20MB	ISA	VGA 单色	DOS 3.3
4	1989	80486	32 位	4～16MB	100MHz	190MB	EISA	16Bit VGA	DOS 3.31
5	1993	Pentium	32 位	16～32MB	233MHz	540MB/1GB	ISA/PCI	14′VGA	DOS Win 3.1
6	1997 1999 2003	PⅡ、PⅢ、P4	32 位	32MB/64MB、256MB、512MB	400MHz、1.10GHz、2.0GHz	10～80GB	PCI/AGP	14′SVGA、15′SVGA、17′SVGA	Win 98、Win 98se、Win 2000/XP
7	2010	酷睿 i3、i5、i7、4 核/6 核/8 核等	64 位	DDR3/4 4GB/8GB	2.8GHz	SATA2/3 500GB/2TB/6TB	PCI-Express	SVGA/DVI/HDMI	Windows 7/8、Windows 10

计算机今后还将继续朝着微型、巨型、网络和智能化等方面发展。

（1）微型化：是指体积越来越小、性能强、稳定性高、更便携、价格低、应用范围更广的计算机系统。

（2）巨型化：是指运算速度越来越快、存储容量更大且易扩容、性能更强的计算机系统，主要应用于大型数据处理应用环境。

（3）网络化：是指应用通信技术将分布在异地的计算机互相联通，通过网络介质和协议实现网络资源的互通和共享。

（4）智能化：是指计算机系统具备模拟人类的言行、思维和意识等，具有感觉、视、听、语言表达、逻辑推理等能力。

任务2　理解计算机系统的结构、分类及应用

本书中如没有特别说明，所说的计算机是指微机，即个人计算机，如图1.2所示。

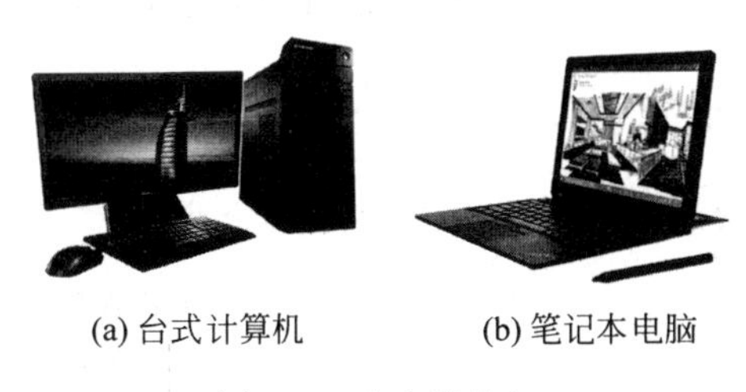

(a) 台式计算机　　(b) 笔记本电脑

图1.2　个人计算机

学习情境1　理解计算机系统的结构原理

现代计算机仍然采用冯·诺依曼体系结构，冯·诺依曼结构的特点是采用二进制数制、按指令程序执行、能够输入/输出程序和数据、具备存储数据、程序的功能，整个系统能够协作运行。要完成以上功能，计算机系统由五大功能部件组成：运算器、控制器、存储器、输入设备和输出设备，各部件之间通过总线互连，传送信号，如图1.3所示。

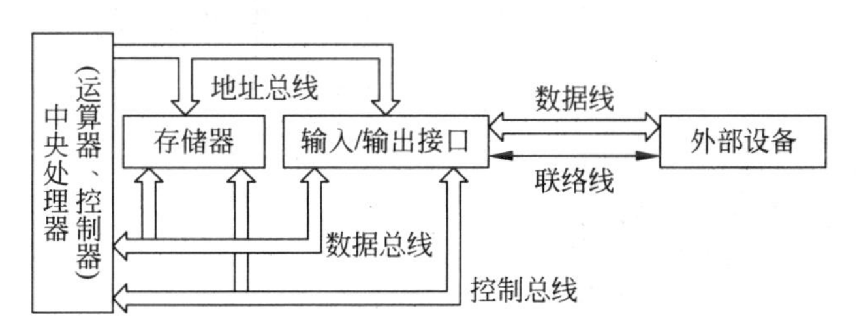

图1.3　计算机基本系统结构

1. 中央处理器(CPU)

中央处理器是计算机系统的核心部件，它是计算机运算和控制中心，主要任务是负责完成算术和逻辑运算、通过内部的寄存器暂存运算的中间数据、控制和协调各部件协同工作。

2. 内存储器

内存储器是指集成度高、功耗低、存储容量较大的半导体存储器，分为随机存取存储器(RAM)和只读存储器(ROM)。

3. I/O(输入/输出)接口

I/O(输入/输出)接口是计算机和外设传输数据必须的，主要包含接口电路和设备，如显卡和显示器，其基本功能如下。

(1) 数据缓存，使计算机内部速度和外设速度相适配。

(2) 信号变换，使计算机可与电气特性不同的外设连接。

(3) 联络作用，使计算机与外设输入/输出协调同步。

4. 总线

按传输信号的类型分为地址总线、数据总线和控制总线。

(1) 地址总线(Address Bus，AB)：用于传送地址信号，是单向总线。

(2) 数据总线(Data Bus，DB)：用于传送数据信号，是双向总线。

(3) 控制总线(Control Bus，CB)：用于传送控制信号，是双向总线。

学习情境 2 理解台式计算机系统组成

计算机系统由硬件系统和软件系统组成，如图 1.4 所示。

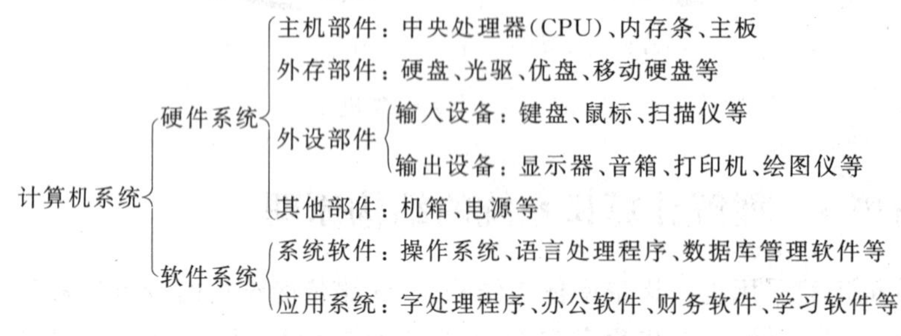

图 1.4 计算机硬件系统和软件系统

1) 主机部件(见图 1.5)

中央处理器(CPU)：中央处理器是计算机系统的大脑，内部的运算器负责数据运算，控制器负责对程序和指令进行控制分析及输入/输出控制，如图 1.6 所示。

图 1.5 主机内部结构

(a) 正面

(b) 背面

图 1.6 CPU 外观图

内存条：内存条是计算机系统内存储器的主要部件，如图 1.7 所示。在计算机工作时，计算机外存的数据要先进入内存条，再从内存条进入 CPU，内存的功能是暂时存放计算机系统运行所需要的数据，关机后，其中的数据将丢失。

主板：主板是计算机系统的运行平台，它主要为其他硬件设备提供安装接口，并为各部件提供信号传输通道，如图 1.8 所示。

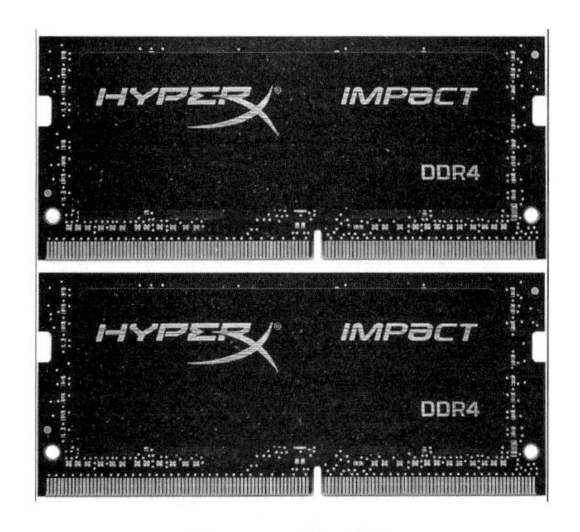

图 1.7 内存储器

图 1.8 主板

2）外存部件

硬盘：是计算机系统外存的主要部件，操作系统和大多数软件及用户资料是存放在硬盘上的，是永久性存储器，如图 1.9 所示。

光驱：光驱和光盘也是计算机外存的主要部件，如图 1.10 所示。光盘的存储容量也很大，价格便宜，但速度比硬盘慢。

图 1.9 硬盘

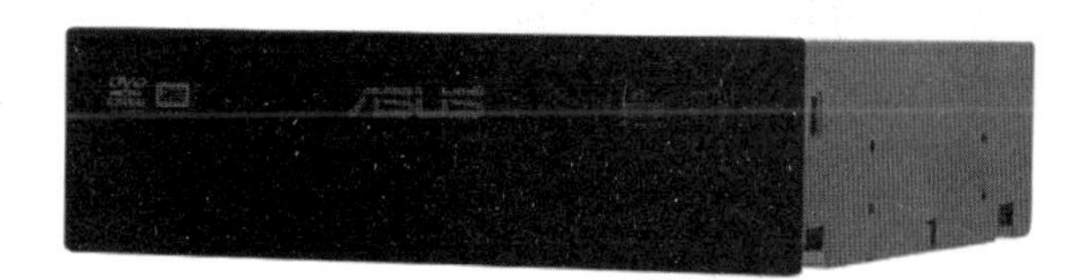

图 1.10 光驱

3）外部部件

显示器：显示器是计算机系统最重要的输出设备，如图 1.11 所示，负责把计算机系统信息还原成人们能够识别的数字、文字和图像等，以前使用的显示器是阴极射线管显示器（CRT 显示器），目前常用的是液晶显示器（LCD）。

图 1.11　液晶显示器

键盘：键盘是计算机系统最重要的输入设备，如图 1.12(a)所示，我们可以通过它输入字符、命令等信息。

鼠标：是计算机视窗界面操作不可缺少的屏幕标定装置输入设备，如图 1.12(b)所示。

音箱：和声卡配合使用，它是计算机输出声音的必备部件，如图 1.12(c)所示。

(a) 键盘

(b) 鼠标

(c) 音箱

图 1.12　键盘、鼠标、音箱

4）其他部件

电源：电源的作用是为计算机主机部件提供运行所需的直流电源，如图 1.13 所示。

主机箱：主要用于安装固定主机部件，同时也具备一定的电磁屏蔽功能，如图 1.14 所示。

图 1.13　电源

图 1.14　机箱

学习情境 3　理解笔记本电脑的系统组成

与台式计算机相比，笔记本电脑因部件体积大小和应用环境的不同，整体结构都有一定的差异。笔记本电脑内部结构如图 1.15 所示。

下面对笔记本电脑的各个部件进行介绍。

(1) 笔记本电脑处理器如图 1.16 所示。

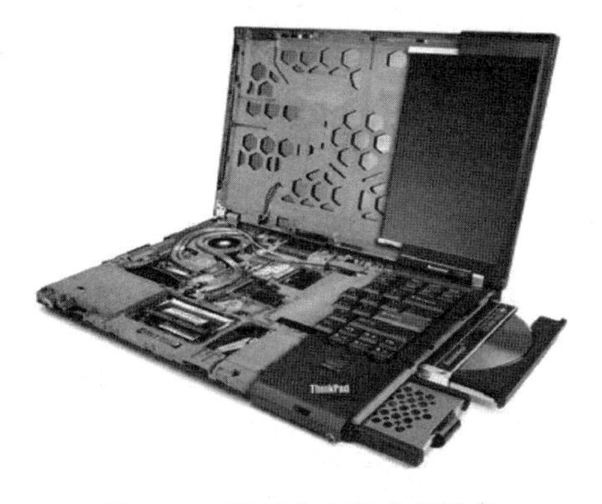

图 1.15　笔记本电脑内部结构

图 1.16　笔记本电脑处理器

(2) 笔记本电脑内存如图 1.17 所示。

(3) 笔记本电脑主板如图 1.18 所示。

图 1.17　笔记本电脑内存

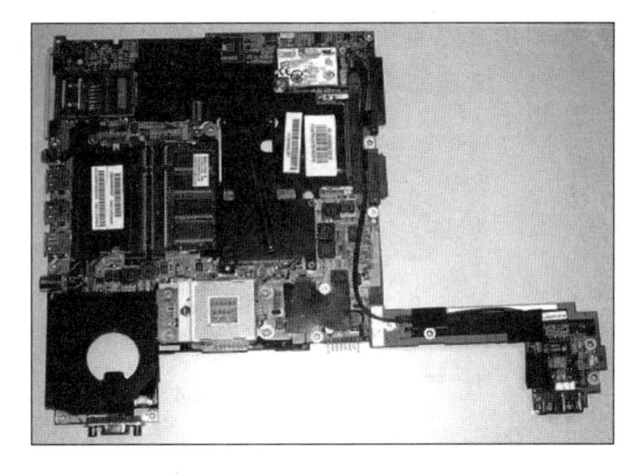

图 1.18　笔记本电脑主板

(4) 笔记本电脑显卡如图 1.19 所示。

(5) 笔记本电脑散热组件如图 1.20 所示。

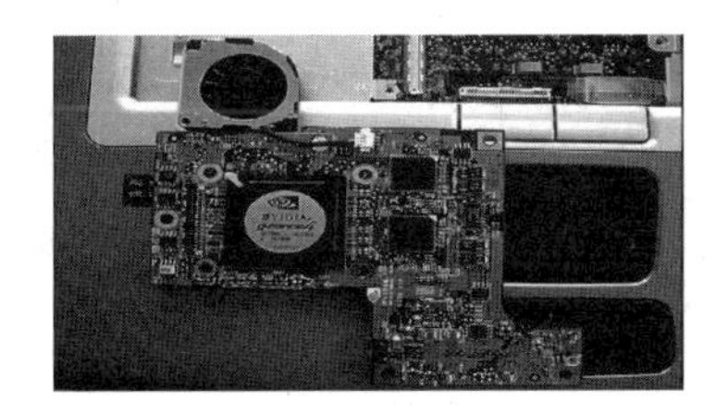

图 1.19　笔记本电脑显卡

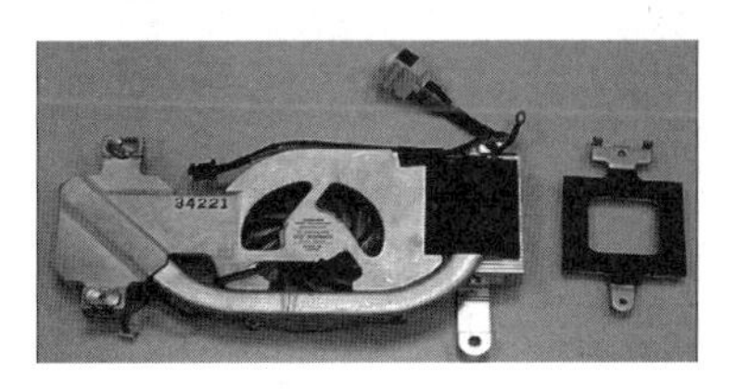

图 1.20　笔记本电脑散热组件

(6) 笔记本电脑硬盘如图 1.21 所示。

(7) 笔记本电脑键盘如图 1.22 所示。

图 1.21　笔记本电脑硬盘

图 1.22　笔记本电脑键盘

(8) 笔记本电脑触摸板如图 1.23 所示。

(9) 笔记本电脑摄像头如图 1.24 所示。

图 1.23　笔记本电脑触摸板

图 1.24　笔记本电脑摄像头

(10) 笔记本电脑外部接口如图 1.25 所示。

(11) 笔记本电脑蓝牙模块如图 1.26 所示。

图 1.25　笔记本电脑外部接口

图 1.26　笔记本电脑蓝牙模块

(12) 笔记本电脑无线模块如图 1.27 所示。

(13) 笔记本电脑电池如图 1.28 所示。

图 1.27　笔记本电脑无线模块

图 1.28　笔记本电脑电池

(14) 笔记本电脑电源线如图 1.29 所示。

7. 软件系统

系统软件：主要是指操作系统及其他管理和控制系统资源的软件，如 Windows 7、Windows 10 等。

图 1.29 笔记本电脑电源线

应用软件：是我们在工作和生活中用来解决具体问题的软件，如 QQ、微信、游戏、Office、WPS 等软件。

学习情境 4 了解计算机分类和应用

1. 计算机系统分类

1）根据计算机指令系统

根据指令系统不同，计算机可分为复杂指令集计算机 CISC(Complex Instruction Set Computer)和精简指令集计算机 RISC(Reduced Instruction Set Computer)。

2）根据 CPU 字长

根据 CPU 字长不同，计算机可分为 8 位、16 位、32 位、64 位计算机。

3）根据 CPU 数量

根据 CPU 数量不同，计算机可分为单处理器计算机和多处理器计算机。

4）根据功能

根据功能不同，计算机可分为超微型机、微型机、小型机、中型机、大型机、巨型机、超巨型机。

2. 计算机应用

(1) 数值计算：数值计算可以说是计算机应用最重要的领域，特别是一些高度复杂的计算更是离不开计算机，如航空航天、弹道、天气、物理、生化、复杂工程设计等领域。

(2) 信息管理：信息管理是当前计算机应用最广的领域，如单位事务管理、人事管理、绩效管理、报表统计、财务管理、档案管理等。

(3) 过程检测与控制：这是将计算机应用推向工业应用的典型功能，将工业自动化生产推到了更高的发展平台。

(4) 计算机辅助领域：包括计算机辅助测试(CAT)、计算机辅助设计(CAD)、计算机辅助制造(CAM)、计算机辅助教学(CAI)等。

任务 3 理解计算机性能的主要指标

1. 字长

字长表示计算机处理器一次性最多可以运算的二进制数位数的多少，字长越长，表示数据处理速度越快，精度越高，如 CPU 字长为 32 位或 64 位。

2. 主频

主频是指CPU工作的时钟频率，单位是MHz或GHz，同种架构下的CPU一般是频率越高速度越快。

3. 速度

计算机速度包含CPU运算速度，用MIPS(百万条指令每秒)表示；存储速度表示存储器读写数据的速度，用MB/s、GB/s表示；网络速度即带宽，是指网络数据传输的速度，一般用Mbps、Gbps表示。

4. 存储器容量

存储容量一般是指内存、外存和缓存的大小，用字节[B(Byte)]和位[b(bit)]来表示存储单位，并且1KB=1024B，1MB=1024KB，1GB=1024MB，1TB=1024GB。缓存容量一般为几MB，内存条容量为1GB、2GB、4GB、8GB等，硬盘容量有500GB、1TB、2TB、4TB、6TB等。

5. 外设扩展能力

计算机外设扩展能力强，表示计算机有更大的功能延伸。

6. 软件配置情况

软件配置版本、功能、是否易用等都影响到计算机性能的发挥和用户工作效率的高低。

7. 可靠性

可靠性是指计算机系统无故障时间的长短，无故障时间越长，则系统越可靠。

8. 性价比

性价比是性能与价格的比值，比值越高越好。

知识测试

一、填空题

1. 计算机可分为巨型机、大型机、中型机、小型机和微型机，我们平时用的是________。
2. 计算机经历了电子管、晶体管、小规模集成电路、________和________的演变。
3. 计算机包括运算器、________、________、输入设备和________五大子系统组成。
4. 计算机系统分为硬件系统和________，________是用来传输计算机各部件之间的信号。
5. 目前市场上流行的处理器的字长是________位。
6. 1B=________b，1KB=________B，1MB=________KB，1GB=________MB，1TB=________GB。

二、简述题

简单评价计算机性能的主要指标。

拓展任务

到市场上了解计算机的各种主流配件的性能和结构。

计算机名人故事

冯·诺依曼(John von Neumann,1903年12月28日—1957年2月8日),美籍匈牙利数学家、计算机科学家、物理学家,是20世纪最重要的数学家之一,被后人尊称为"计算机之父""博弈论之父",他提出了现代计算机的理论基础,就是我们都还在沿用的冯·诺依曼体系结构(见图1.30)。

图1.30 计算机之父:冯·诺依曼

项 目 2

认识和选购计算机主机部件

任务导入

计算机主机部件包含主板、中央处理器(CPU)、内存条等部件,它们是计算机能够正常运行的基础部件。

主要内容及目标

(1) 认识主板结构和掌握选购方法。

(2) 认识 CPU 结构和掌握选购方法。

(3) 认识内存结构和掌握选购方法。

(4) 认识硬盘、光驱结构和掌握选购方法。

任务1 认识和选购主板

主板,英文名为 mainboard,它的功能主要是为中央处理器(CPU)、内存条及外设扩展卡提供安装插槽和插座;为硬盘、光驱和其他输入/输出设备提供连接接口。通过主板各部件之间形成了完整的系统,因此,可以说主板是计算机系统的硬件运行和组建平台。

学习情境1 了解主板分类

1. 按 CPU 接口分类

按主板上的 CPU 接口不同可将主板分为 Socket 775、Socket 939、Socket 940、LGA

1156、LGA 1155、LGA 1366、Socket AM3、Socket AM2+、Socket AM2 等，主要对应支持 Intel 和 AMD 不同型号的 CPU。

2. 按主板结构分类

按结构不同主板可分为 AT、ATX、BTX，现在 AT 结构已基本不用了。

3. 按主板控制芯片分类

按控制芯片不同主板可分为南北桥控制芯片独立型和中心控制芯片集成型。主板芯片制造商有 Intel、VIA、Ali、nVIDIA 等。

4. 按是否为集成分类

集成型主板上集成了显示、音频、网络功能，即主板上集成了显卡、声卡、网卡等；非集成型主板没有集成显示、音频、网络功能，购买时需单独购买。

5. 按生产厂家分类

市场上知名的主板品牌有微星、华硕、技嘉等。

学习情境 2　认识主板结构

以图 2.1 为例来介绍主板的基本结构。

图 2.1　主板结构

1. 控制芯片组(Chipset)

主板芯片组首先要支持 CPU，现在主要是 Intel 和 AMD 的 CPU，主板芯片组决定着主板的全部功能，其中北桥芯片负责控制和协调 CPU、内存条、显卡等高速部件数据传输；南桥芯片负责控制和协调 USB、SATA 、LAN、声卡等低速接口及部件的数据传输，如表 2.1 所示。

表 2.1　Intel 芯片组主要参数对比表

产 品 型 号	Intel H110	Intel B150	Intel H170	Intel Z170
CPU 插槽	Socket 1151	Socket 1151	Socket 1151	Socket 1151
PCI-E 3.0 通道	6	8	16	20
显卡插槽	PCI E-3.0	PCI E-3.0	PCI E-3.0	PCI E-3.0
内存插槽	2	4	4	4
USB 2.0/3.0	6/4	6/6	6/8	4/10

续表

产 品 型 号	Intel H110	Intel B150	Intel H170	Intel Z170
RST PCI-E 接口	0	0	2	3
SATA 3.0 接口	4	6	6	6
SATA Express 接口	0	1	2	3
超频	不支持	不支持	不支持	支持

2. 总线

总线是计算机部件内部和部件之间信息交换的线路。表 2.2 所示为计算机的发展历程中出现的几种点线及其技术特点。

表 2.2 各种总线的技术特点

总线名称	技 术 特 点
ISA	IBM 公司为 286/AT 计算机制定的总线工业标准,也称为 AT 标准。传送数据宽度是 16 位,工作频率为 8MHz,数据传输率最高可达 8MB/s,目前正淡出市场
EISA	EISA 集团(1988 年由 Compaq、HP、AST、NEC、Olivetti、Zenith、Tandy 等组成)为 32 位 CPU 设计的总线扩展工业标准
VESA	VESA 组织(1992 年由 IBM、Compaq 等发起,有 120 多家公司参加)按 Local Bus(局部总线)标准设计的一种开放性总线,但应用并不是很广泛
PCI	从 1992 年起,由 Intel、HP、IBM、Apple、DEC、Compaq、NEC 等厂商联合组建,该总线传送数据宽度为 32 位,可扩展至 64 位,工作频率为 33MHz,数据传输率可达 132~528MB/s,取得了广泛的应用
AGP	即加速图形端口。它是一种为了提高视频带宽而设计的总线规范。因为它是点对点连接,即连接控制芯片和 AGP 显示卡,严格来说,AGP 也是一种接口标准,使用 64 位图形总线标准以提高计算机对图像的处理能力。目前的主板产品大多支持 AGP
PCI Express	PCI Express 总线是一种完全不同于过去 PCI 总线的一种全新总线规范,与 PCI 总线共享并行架构相比,PCI Express 总线是一种点对点串行连接的设备连接方式,点对点意味着每一个 PCI Express 设备都拥有自己独立的数据连接,各个设备之间并发的数据传输互不影响。而对于过去 PCI 那种共享总线方式,PCI 总线上只能有一个设备进行通信,一旦 PCI 总线上挂接的设备增多,每个设备的实际传输速率就会下降,性能得不到保证。现在,PCI Express 以点对点的方式处理通信,PCI-E1X 的速度为 250MB/s,主要用于安装声卡、网卡; PCI-E16X 的速度为 4GB/s(单向),主要用于安装显卡。每个设备在要求传输数据的时候各自建立自己的传输通道,对于其他设备,这个通道是封闭的,这样的操作保证了通道的专有性,避免其他设备的干扰

图 2.2 所示为采用 PCI Express 总线技术的主板。

3. CPU 插座

CPU 插座从产生以来,主要有 Socket(卧式)、Slot(立式)两种,当前 Slot(立式)已基本不用。经过多年发展,CPU 插座接口形式从引脚式过渡到触点式,不同 CPU 的插座也不一样。现在常用的是 Socket 插座,也叫 ZIF 插座,如图 2.3 所示。

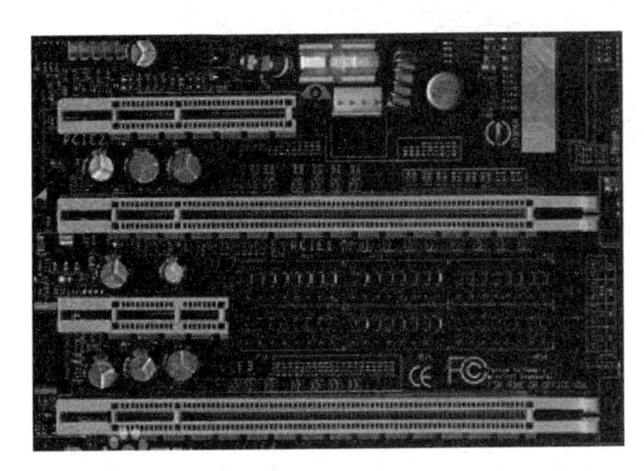

图 2.2 采用 PCI Express 总线技术的主板

图 2.3 CPU 插座

4. ATX 电源插座

主板和主板上所安装的部件都需要主板供电，这就需要主板供电插座，主板电源插座如图 2.4(a)所示，CPU 电源专用插座如图 2.4(b)所示。电源插座一般都具有防插错设计，如果插反了是插不进去的。

(a) 主板电源插座

(b) CPU电源专用插座

图 2.4 主板电源插座

5. 硬盘接口

硬盘接口有 IDE、SATA、SCSI 和光纤通道等，接口之间最大的区别就是数据传输速度的不同，IDE 接口已基本不用，SCSI 接口主要用在服务器上，光纤通道用在高端服务器上。当前，SATA 是微机的主要硬盘接口，如图 2.5 所示。

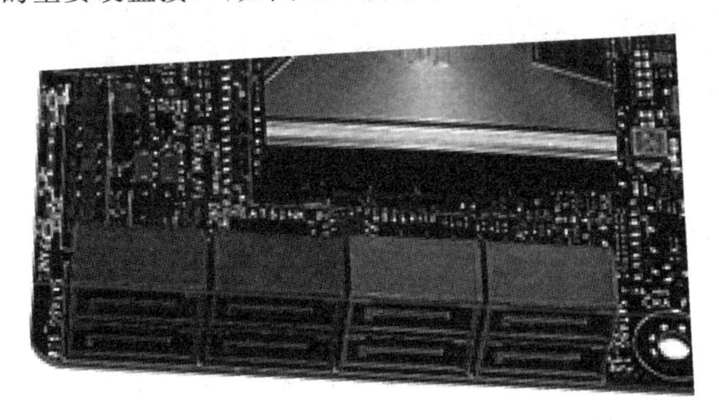

图 2.5 SATA 接口

6. 内存条插槽

内存条插槽用于安装内存条。现在主板一般都支持多通道数据传输，不同的通道用不同的颜色区分，插槽上的小凸点是防插反设计，安装时对应内存条金手指上的缺口，如图 2.6 所示。

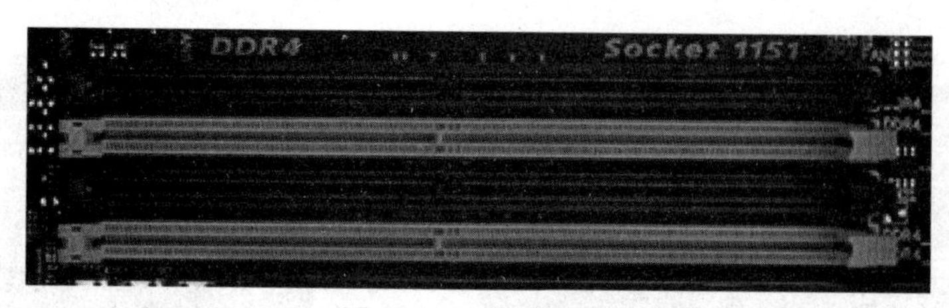

图 2.6 内存条插槽

7. 功能卡扩展槽

当前市场上主板采用的技术主要是 PCI-E，传统的 AGP、PCI 技术已经淘汰。PCI-E 标准分为 PCI-E1X、PCI-E2X、PCI-E8X 和 PCI-E16X 等规格。表 2.3 为 PCI-E 几种规格及其传输速度。

表 2.3 PCI-E 标准规格

模　式	双向传输模式	单向传输模式
PCI Express×1	500MB/s	250MB/s
PCI Express×2	1GB/s	500MB/s
PCI Express×4	2GB/s	1GB/s
PCI Express×8	4GB/s	2GB/s
PCI Express×16	8GB/s	4GB/s
PCI Express×32	16GB/s	8GB/s

8. 外置 I/O 接口

主板用于连接外设的接口有：USB、PS/2、DVI、HDMI、DP、RJ-45、音频接口、Type A/B/C 等，如图 2.7 所示。

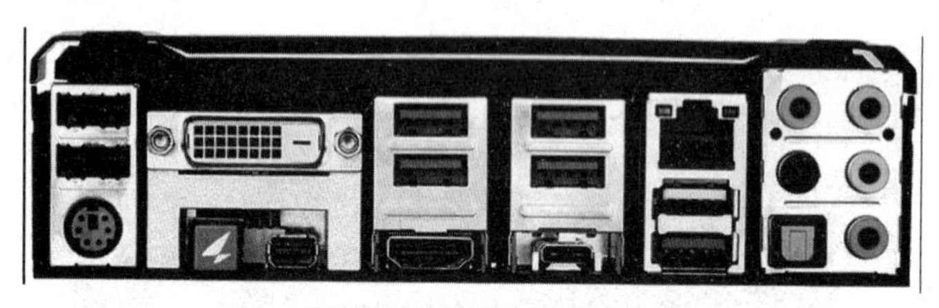

图 2.7 主板 I/O 接口

(1) PS/2：键盘鼠标接口。

(2) DVI：数字视频接口。

(3) HDMI 接口：高清多媒体接口，可用于连接机顶盒、电视机、视频播放机、游戏机等设备，是当前应用较广泛的高清信号传输接口。

(4) DP：数字式视频接口。

(5) RJ-45 网络接口：RJ-45 是网络布线插座，有 8 个凹槽和 8 个触点。

(6) USB 接口：通用串行总线，即插即用，被广泛使用在移动设备连接中等其他领域。USB 3.1 传输速度为 10Gbit/s。新型的 USB Type-C 数据传输速度为 10Gbit/s，支持音视频信号传输，支持大电流和大电压充电，支持双向供电，扩展能力强。

9. BIOS ROM 芯片和 CMOS RAM 芯片

BIOS(Basic Input/Output System)是基本输入/输出系统，主要包含计算机基本输入/

输出程序、启动自检程序、设置程序、诊断程序等，是计算机最先启动的初始化程序，否则计算机无法启动操作系统。

存放 BIOS 程序的芯片叫 BIOS 芯片，通常是 ROM 芯片；存放 BIOS 程序设置的参数通常保存在 CMOS RAM 芯片中，CMOS RAM 芯片需要电池供电，否则里面的信息会丢失，如图 2.8 和图 2.9 所示。

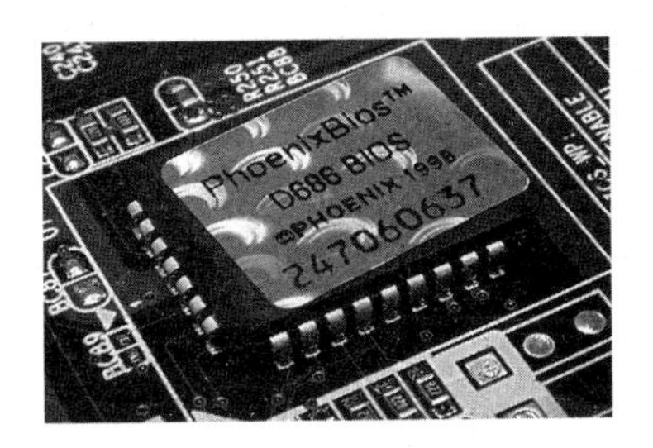

图 2.8　主板 BIOS 芯片

图 2.9　常见 CMOS 芯片

10. 集成显卡、声卡、网卡

随着主板集成度的增加，很多主板都集成了显卡、声卡和网卡，但如果对显卡、声卡和网卡的性能要求较高，一般要用独立的高端显卡、声卡和网卡。

11. 跳线开关

跳线是控制电路通断的开关，一般由两根或三根金属针和跳线帽组成，接通为 ON，不扣跳线为 OFF，如图 2.10 和图 2.11 所示。

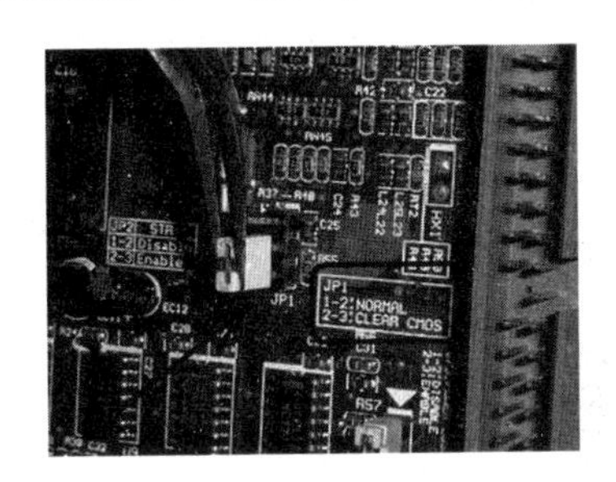

图 2.10　跳线开关

(a) 保持资料

(b) 清除资料

图 2.11　主板上清除 BIOS 参数的跳线方式

12. 机箱面板控制按钮和指示灯插针

机箱前面板上的电源开关、重启开关、电源和硬盘指示灯等都要通过导线连接到主板对应的插针上，如图 2.12 所示，其含义见表 2.4。不同的主板连接方式不完全相同，应参照主板指示来连接。

图 2.12　主板连接机箱面板插针局部图

表 2.4 主板连接机箱面板插针含义

标　注	针　数	含　义
Reset SW	2 针	复位按钮插针，无方向性接头
Power SW	2 针	ATX 电源开关插针，无方向性接头
Power LED	2 针	电源指示灯插针，绿(+)，黑(－)，有方向性接头
HDD LED	2 针	硬盘(读写)指示灯插针，红(+)，白(－)，有方向性接头
Speaker	4 针	机箱喇叭插针，无方向性接头

13. 电容、电感与电阻

主板上电容、电感、电阻等电子元器件功能主要是用作滤波、耦合、谐振等作用，如图 2.13 所示。

14. I/O 控制芯片

一般集成主板上还有声卡、网卡等 I/O 控制芯片，如图 2.14 所示。

图 2.13　主板上的电容、电感、电阻

图 2.14　主板上集成 REALTEK 网卡芯片

学习情境 3　理解主板技术参数

1. 华硕 X79-DELUXE 主板

华硕 X79-DELUXE 主板如图 2.15 所示，主板技术参数见表 2.5。

图 2.15　华硕 X79-DELUXE 主板

表 2.5　华硕 X79-DELUXE 主板技术参数

主体	品牌：华硕 ASUS，型号：X79-DELUXE，平台类型：Intel 平台
芯片组	INTEL 芯片：Intel X79，集成显卡：否，显示器接口：无
支持 CPU	接口类型：LGA 2011，兼容系列：Socket 2011 酷睿 i7
内存	内存插槽：8×ddr3 内存插槽，内存标准：DDR3 2800(超频)/2400(超频)/2133(超频)/1866/1600/1333/1066MHz，Non-ECC，Un-buffered 内存，最大内存容量：64G，双通道支持：支持，三通道支持：支持，内存规格：DDR3，四通道支持：支持

续表

扩展 PCI	PCI Express ×16：3×PCIe 3.0/2.0×16,扩展卡插槽：(dual ×16 or ×16/×8/×8) *1 1 × PCIe 3.0/2.0 ×16,扩展卡插槽（×4 模式)：PCI Express ×1　2 个,多显卡支持：支持
存储设备	IDE：无,SATA：2×SATA 6Gb/s 接口，黑色 4×SATA 3Gb/s 接口，黑色 支持 Raid 0，1，5，10,4×SATA 6Gb/s 接口 磁盘阵列：支持,SATA 接口范围>8
板载声卡	声卡类型 Realtek：ALC 1150,声道数：7.1 声道
板载网卡	网卡类型：1× 千兆网卡 Realtek,最大网络速度：10MB/100MB/1000MB,无线网卡：Wi-Fi 802.11a/b/g/n/ac,支持双带宽频率：2.4/5GHz,蓝牙 V4.0
板载接口	内置音频接口：1 组,USB 扩展接口：1×USB 3.0 接口 可扩展 2 组外接式 USB 3.0 接口 (19-pin),4×USB 2.0 接口 可扩展 8 组外接式 USB 2.0 接口,CPU 风扇插座：2 组,系统风扇插座：4 组,S/PDIF 插座：1 组,其他插座：机箱面板开关和指示灯插针
后置接口	RJ-45 网络接口：2×RJ-45 接口,USB：6×USB 3.0 接口(蓝色)、4×USB 2.0 接口,音频接口：5×3.5mm 接口,光纤接口：1×光纤接口,ESATA：2×ESATA 接口
物理规格	板型结构：ATX,板型大小：12 英寸×9.6 英寸（ 30.5cm×24.4cm),电源接口：24+8,PCB 规格,大板

2. 技嘉主板(Z170X-UD3)

技嘉 Z170X-UD3 主板，如图 2.16 所示，主板技术参数见表 2.6。

图 2.16　技嘉主板(Z170X-UD3)

表 2.6　技嘉主板(Z170X-UD3)技术参数

主体	品牌：技嘉 GIGABYTE,型号：Z170X-UD3,平台类型：Intel 平台
芯片组	集成显卡：需要搭配内建 GPU 的处理器,显示器接口：有
支持 CPU	接口类型：LGA 1151,兼容系列：支持 LGA 1151 插槽处理器(Intel Core i7 处理器/Intel Core i5 处理器/Intel Core i3 处理器 /Intel Pentium 处理器/Intel Celeron 处理器)
内存	内存插槽：4 个 DDR4 DIMM 插槽,内存标准：DDR4 3200(O.C.)/3000(O.C.)/2933(O.C.)/2800 (O.C.)/2666 (O.C.)/2600 (O.C.)/2400 (O.C.)/2200 (O.C.)/2133MHz,最大内存容量：64G,双通道支持：支持,三通道支持：不支持,内存规格：DDR4

续表

扩展 PCI	PCI Express ×16,1 个 PCI Express ×16 插槽,支持×16 运行规格;(所有 PCI Express 插槽皆支持 PCI Express 3.0)PCI Express ×1,3 个 PCI Express ×1 插槽,多显卡支持:支持,PCI Express ×8,1 个 PCI Express ×16 插槽,支持×8 运行规格,PCI Express ×4,1 个 PCI Express ×16 插槽,支持×4 运行规格
存储设备	IDE:无,SATA:2 个 M.2 Socket 3 接口;3 个 SATA Express 接口;6 个 SATA 3.0 接口;磁盘阵列:支持,RAID 支持:RAID 0,RAID 1,RAID 5,RAID 10;SATA 接口范围:5～8
板载声卡	声卡类型:内建 Realtek ALC 1150 芯片,声道数:7.1 声道,声卡特色:支持 High Definition Audio;支持 S/PDIF 输出
板载网卡	网卡类型:内建 Intel GbE 网络芯片,最大网络速度:10MB/100MB/1000MB
板载接口	内置音频接口:1 组,USB 扩展接口;2 个 USB 3.0 插座,2 个 USB 2.0 插座,COM 扩展接口:1 组,CPU 风扇插座:1 组,系统风扇插座:3 组,S/PDIF 插座:1 个 S/PDIF 输出插座
后置接口	PS/2:1 个 PS/2 键盘/鼠标,接口:VGA 接口,1×VGA 接口,DVI 接口:1×DVI 接口,HDMI 接口:1×HDMI 接口,RJ-45 网络接口:1×RJ-45 接口,USB:1 个 USB Type-C 接口,支持 USB 3.1;1 个 USB 3.1 接口;3 个 USB 3.0 接口;2 个 USB 2.0 接口,音频接口:5mm×3.5mm,接口:光纤接口,1 个 S/PDIF 光纤输出插座
物理规格	板型结构:ATX,板型大小:30.5cm×23.5cm,电源接口:24+8,供电:11 相供电,PCB 规格:大板
特性	独家特色:支持 APP Center(应用中心);支持 Q-Flash(BIOS 快速刷新);支持 Smart Switch;支持 Xpress Install(一键安装) 特性:2 个 128Mbit Flash;使用经授权 AMI UEFI BIOS;支持中文图形化双 BIOS
基本参数	主板芯片组:Z170 首发;CPU 支持类型:INTEL 1151 首发
功能参数	多显卡技术;支持 3-Way/2-Way AMD CrossFire/2-Way NVIDIA SLI 技术
其他特征	系统电压检测;CPU/系统/芯片组温度检测;CPU/CPU OPT/系统风扇转速检测;CPU/系统/芯片组过温警告;CPU/CPU OPT/系统风扇故障警告;CPU/CPU OPT/系统智能风扇控制

学习情境 4　选购主板

1. 选购原则

1)根据用户需求

首先要考虑满足需求即可,不要盲目追求高配置而浪费资源,当然,如经济条件允许,可以适当提高档次。

2)性价比

一定价格前提下,尽量购买性能高的主板。

3)主板要与 CPU、内存匹配

选择什么样的主板要与所选择的 CPU 和内存在性能上匹配,这样才能发挥主板的最佳性能。

4)兼容性

兼容性是主板和其他部件稳定协调运行的基础性能,如兼容性不好,会导致部分部件或整个系统运行出现问题。

5）升级和扩充

适当考虑今后系统升级和扩充部件性能的可行性，节省后期成本。

6）优质厂家和商家

优质厂家和商家能为售后服务提供优质的服务。

2. 识别主板质量

1）间接观察法

在购买主板前，可先通过报纸、杂志、网络和询问等方式获得有关主板的信息（如价格、技术参数、稳定性、兼容性、售后服务等）的第一手资料，做到心里先有个底。

2）直接观察法

主要观察主板工艺水平和用料质量，各种插槽位置是否合理，是否方便拆装和散热等。

3. 测试

用系统测试软件测试主板的技术参数，通过测试结果可以看出主板的综合性能。也可以用游戏测试，或长时间开机运行测试主板工作的稳定性。

任务2 认识和选购CPU

学习情境1 理解CPU组成结构

中央处理器（Central Processing Unit，CPU）是计算机系统的核心部件，内部由运算器、寄存器、控制器、高速缓存等组成，按功能划分为运算、控制和存储三大单元，三者之间协调配合，完成计算机系统的分析、判断、运算功能，有序合作。可以说CPU档次的高低和性能的好坏决定了整个计算机的性能。

几种常见类型的CPU如图2.17～图2.19所示。

图2.17 AMD A8-3850

图2.18 Intel Core i5-3450 正面

图2.19 Intel Core i5-3450 反面

学习情境2 理解CPU技术指标

1. 64位技术

当前CPU主要是64位的，相对于32位，64位处理数据的速度更快，精度更高，支持的内存空间更大，但也要64位操作系统和64位应用软件相配合才能有效地发挥性能。

2. 主频

主频也叫内频，反映的是CPU内部数字时钟信号振荡的速度，如3.1GHz、3.5GHz等。主频是衡量CPU性能最重要的指标，一般来说，相同结构的CPU，频率越高运算速度越快。CPU的主频一般标记在CPU芯片上。

3. 外频

外频是主板总线的工作频率，是CPU与主板总线之间的同步运行频率。

4. 倍频

倍频是主频与外频的倍数，它们三者之间的关系是：主频＝外频×倍频。

5. 前端总线频率(FSB)

由于CPU与内存之间传输数据的速度要求越来越快，出现了前端总线，前端总线主要是指CPU与内存之间的总线，前端总线频率指的就是这段总线的频率。

6. 工作电压

工作电压是指CPU正常工作所需的电压，工作电压值越低越好，低电压就表示功耗低、发热量低，有利于CPU的安全稳定运行。

7. 地址总线宽度

地址总线宽度表示CPU可访问的内部存储器空间大小，如32位最多可访问4GB的存储空间，33位8GB，34位16GB等。

8. 数据总线宽度

数据总线宽度表示一次可以传输数据的多少，如32位、64位、128位等。

9. 高速缓存

高速缓存(Cache)的速度比内存储器快得多，当CPU需要数据的时候，首先访问高速缓存，只有当Cache没有需要的数据时，才从内存条中读取。高速缓存容量一般都不大，分为一级缓存、二级缓存和三级缓存，容量从几百KB到几MB不等。

10. 流水线技术、超标量

流水线将不同的逻辑功能单元组成指令处理流水线，可以提高CPU的运算速度，在一个时钟周期内执行一条指令。超标量是指CPU在一个时钟周期内可以执行多条指令。

11. 核心类型

核心是CPU最重要的部分，核心的类型代表了CPU不同的版本，版本越新就表示CPU档次越高，性能越好，如表2.7所示。

表2.7 CPU核心类型

Intel CPU核心类型			AMD CPU核心类型		
Tualatin	架构类型	Soket 370	Palomino	架构类型	Athlon XP
	制造工艺	1.75μm		制造工艺	0.18μm
	封装方式	FC-PGA2和PPGA		封装方式	OPGA
	核心电压	1.5V		核心电压	1.75V
	主频范围	1～1.4GHz		主频范围	1GHz
	外频	100～133MHz		外频	266MHz
	二级缓存	256～512KB		二级缓存	256KB

续表

Intel CPU 核心类型			AMD CPU 核心类型		
Willamette	架构类型	Socket 423/478	Barton	架构类型	Athlon XP
	制造工艺	0.18μm		制造工艺	0.13μm
	封装方式	PPGA、INT3		封装方式	OPGA
	核心电压	1.75V		核心电压	1.65V
	前端总线	400MHz		前端总线	333MHz、400MHz
	主频范围	1.3～2.0GHz		主频范围	1.0～1.3GHz
	二级缓存	128～256KB		二级缓存	512KB
Northwood	架构类型	Socket 478	AppleBred	架构类型	新 Duron
	制造工艺	0.13μm		制造工艺	0.13μm
	封装方式	PPGA FC-PGA2		封装方式	OPGA
	核心电压	1.5V		核心电压	1.5V
	前端总线	400/533/800MHz		前端总线	266MHz
	主频范围	2.0～2.8GHz		主频范围	1.4～1.8GHz
	二级缓存	128～512KB		二级缓存	512KB
Prescott	架构类型	Socket 478	Sledgehammer	架构类型	Athlon 64
	制造工艺	90nm		制造工艺	0.13μm
	封装方式	PPGA、PLGA		封装方式	OPGA
	核心电压	1.25～1.525V		核心电压	1.5V
	前端总线	533～1066MHz		前端总线	266MHz
	主频范围	2.8～3.0GHz		主频范围	1.4～1.8GHz
	二级缓存	256～1024KB		二级缓存	1024KB
Smithfield	架构类型	Socket 775 双核	Orleans	架构类型	Socket 939/940
	制造工艺	90nm		制造工艺	90nm
	封装方式	PLGA		封装方式	OPGA
	核心电压	1.3V		核心电压	1.25V
	前端总线	533～1066MHz		前端总线	1000MHz
	主频范围	2.66～3.2GHz		主频范围	2.0～3.0GHz
	二级缓存	1024KB		二级缓存	512KB

12. CPU 插座

CPU 插座是安装 CPU 所用的，目前常见的是 Socket 类型的，如图 2.20 和图 2.21 所示。

图 2.20　AMD Socket A 插座

图 2.21　Intel LGA 1366 CPU 插槽

13. 封装方式

封装是指用绝缘塑料或陶瓷材料将集成电路密封的技术，如图 2.22 和图 2.23 所示，封装对于芯片来说是必要的，以防止对芯片电路腐蚀，同时也保护芯片免受外力损坏。

图 2.22 Intel Core i7 CPU

图 2.23 BGA 封装的 AMD Athlon 64

14. 多核心类型

当前，单纯提高处理器主频已不能给计算机性能带来明显提升，CPU 制造商把更多精力放在一个 CPU 集成多个处理核心，如双核、三核、四核、六核、八核处理器等。

15. 超线程技术

超线程 HT(Hyper-Threading)技术用指令将 CPU 物理内核模拟成两个逻辑内核，提高 CPU 资源的利用率，加快运算速度。

16. 制造工艺

一般用纳米来表示集成电路的制造工艺，工艺越先进，在芯片中就可以集成更多的电子元件，如制造工作 7nm、8nm、14nm 等。

表 2.8 所示为 Intel 酷睿六核 i7-6800K 盒装 CPU 技术参数。

表 2.8 Intel 酷睿六核 i7-6800K 盒装 CPU 技术参数

本参数	Game+游戏装备，骨灰级，类别：发烧/超频，游戏/影音，设计/影像，品牌：Intel，系列：Extreme 至尊系列，酷睿 i7 类型，CPU 名称：i7-6800K，核心类型：Broadwell-E，接口类型：LGA 2011-V3，CPU 核心：六核，制程工艺：14nm
技术参数	CPU 频率：3.4；CPU 支持指令集：SSE 4.2，AVX 2.0，AES，64 位处理器：是，特性：不锁倍频，最大睿频：3.6GHz
功能参数	三级缓存容量：15MB
环境参数	工作功率：140

学习情境 3 选购 CPU

CPU 虽然是计算机的核心部件，但计算机性能并不是只单独看 CPU 性能，整个计算机系统配置都很重要，所以，CPU 选购更多还是要看应用需求。

1. 学生用户

学生用户对计算机的要求不高，主要用于文档处理、程序编码、简单图像和视频处理等，一般在 500～1000 元价位的 CPU 就可以了，一般价格在 3000～4000 元价位的笔记本电脑基本就可以满足需要。

2. 家庭用户

家庭用户使用计算机主要是在多媒体应用方面，如看电影、听音乐等，对音箱和显示器可以配置高一些，对 CPU 没有特殊的要求，一般市场上的主流 CPU 都可以，对计算机操作熟练的用户可以选择兼容机，性价比相对品牌机高，推荐购买台式机。

3. 公司与学校

公司和学校的办公计算机大多用于文档处理，对性能要求不是很高，其特点在于工作时间要长，性能要稳定，售后服务好。因此，要选择表现稳健的 CPU，更重要的是注意整机系统的兼容性，避免出现死机现象。

4. 特殊用户

特殊用户往往是超级硬件发烧友、图形处理用户或超级游戏玩家。此类人群在选择硬件时看重的是性能而不是价格，因此，最新发布的 CPU 将是其选择的首要目标。

学习情境 4 选购 CPU 散热器

1. CPU 散热器分类

风冷、水冷、半导体制冷和液态氮制冷都可以用于 CPU 散热，但综合安装、成本、安全等因素，风扇制冷方式仍然是现在 CPU 主要的散热方式。CPU 风扇如图 2.24 所示。

图 2.24 CPU 散热风扇

2. CPU 风扇散热原理

CPU 工作时将产生大量的热量，热量首先传到 CPU 风扇散热片上，然后通过风扇转动将热量吹走。在 CPU 风扇和 CPU 之间还要涂上导热硅脂，用扣具将风扇和 CPU 紧密接触，保障良好的散热效果。

3. CPU 风扇的组成

(1) 散热片：一般都要用良好的导热材质做成，如铝合金、铜等，并且要加工成横竖槽型，增加与空气的接触面积，提高散热效果。

(2) 散热风扇：关系到风量的大小，要考虑静音、转速、散热效果等。

(3) 扣具：配套 CPU 和主板，每款风扇都有相应的扣具，保证风扇和 CPU 接触安装稳固。

4. 风扇选购

风扇选购一般主要考虑散热效果和风扇噪声，通过安装运行测试就可以看出来。

表 2.9 为富钧 Colosseum SM128164 CPU 散热器的技术参数。

表 2.9 富钧 Colosseum SM128164 CPU 散热器技术参数

基本参数	接口类型：Intel 1366，Intel 115X，Intel 775，AMD 接口
技术参数	风冷：CPU 散热器
主体	品牌：富钧(XIGMATEK)，型号：Colosseum SM128164，产品类别：多平台散热器
规格	适用范围：LGA 775/1155/1156/1366，AMD FM2/FM1/AM3+/AM3/AM2+/AM2 等，散热方式：空冷，风扇尺寸：120mm×120mm×25mm，散热片材质：纯铜热管、铝鳍片，散热器尺寸：146(L)mm×97(W)mm×157(H) mm，噪音：20dB(A) (Max)，风扇转速(RPM)：1000～2200RPM，电源接口：4pin，风量：89.45 CFM (Max)
特性	电压：12V DC
其他	特色：富钧(XIGMATEK) Colosseum SM128164 CPU 散热器（多平台/5 热管/360°进风及散热/PWM 智能风扇）

任务 3 认识和选购内存

计算机内存储器是指计算机系统运行时存放程序和数据的半导体存储器，按数据读写原理分为只读存储器(Read Only Memory，ROM)和随机存储器(Random Access Memory，RAM)。

学习情境 1 了解内存分类

1. 只读存储器(ROM)

(1) PROM：可编程只读存储器，只能写一次，写入后信息只能被读出，不能被修改或删除。

(2) EPROM：可擦除可编程只读存储器，芯片上有一个透明孔，用专用的编程器向芯片写完数据后，要用不透明标签封住透明孔，如要清除数据，就撕开标签，用紫外线光源照射透明孔，内部存储的信息就会清除。

(3) EEPROM：电擦除可编程只读存储器，与 EPROM 不同，它是用电来清除内部数据，不需要紫外线照射，使用起来更加方便。

(4) Flash Memory：闪速存储器，简称闪存，读写速度快，在断电情况下可以长时间保存信息。

2. 随机存储器(RAM)

随机存储器就是内存储器，在计算机工作的时候，首先要把数据从硬盘等外存中将系统所需要的指令和数据调入内存中，CPU 直接从内存中读取指令或数据，运算结果返回到内存中。随机存储器只能暂存信息，断电后存储的信息就会消失，按工作原理又分为静态随机存储器 SRAM 和动态随机存储器 DRAM。SRAM 主要应用对象是高速缓冲存储器，DRAM 主要应用对象是内存条。

学习情境 2 理解内存条工作原理和选购

1. 内存条工作原理

内存条是计算机内存的主要部件，由于 CPU 与外存之间速度相差较大，CPU 与外存之间数据输入/输出都要经过内存条,可以说CPU工作过程中,内存条充当一个数据输入/输出"中转站"的角色。

2. 内存条组成

图2.25所示为内存条硬件组成。

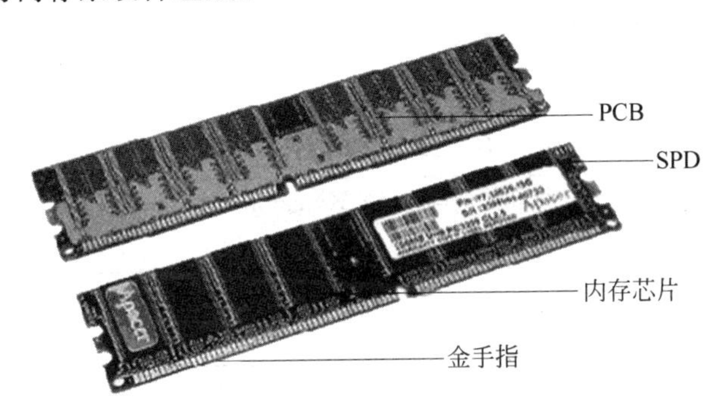

图2.25 内存条硬件组成

1) 印制电路板(PCB)

印制电路板主要作用是固定芯片,一般是4层、6层、8层,层数越多,质量越好,抗干扰能力越强,运行越稳定。

2) 内存芯片

内存条数据就存放在内存芯片中。

3) SPD芯片

SPD主要存储内存条的频率、容量、生产厂商等基本信息。

4) 金手指

金手指是内存条与内存条插槽的连接点,一般是用金和锡等金属做成的导电金属片。

3. 内存条类型

根据工作原理,内存条按原理分为SDRAM、DDRRAM、RDRAM,现在内存条主要是DDR2、DDR3、DDR4等。

4. 内存条主要技术指标

1) 适用类型

根据应用场合的不同,内存条分为台式机内存条、笔记本内存条、服务器内存条等,不同的应用场合,对工作温度、大小、稳定性、散热性等都有不同的要求,如图2.26和图2.27所示。

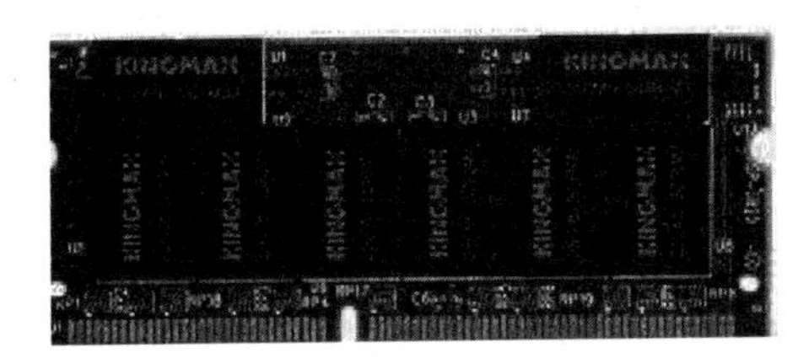

图2.26 笔记本内存条

图2.27 服务器内存条

2) 内存频率

和CPU一样,内存条一般也是用频率表示速度的主要指标,单位是MHz或GHz,如

1066MHz、1333MHz、1.6GHz 等。

3）内存容量

内存容量也是内存条主要参数之一，当前以 GB 为单位，如 2GB、4GB、8GB、16GB 等。

4）内存电压

内存电压即内存条工作时所需的电压值，如 1.2V、1.8V、2.5V、3.3V 等。

表 2.10 所示为金士顿内存条技术指标。

表 2.10 金士顿内存条技术指标

主体	单套容量：8GB，品牌：金士顿 Kingston，型号：KVR24N17S8/8，类型：288-Pin DIMM，适用机型：台式机内存
规格	容量：8GB，速度：DDR4 2400，CL 值：17，工作电压：1.2V
特性	散热片：否

5. 内存条选购

1）选购品牌

选择知名品牌的内存条，意味着有好的质量和服务，如金士顿、芝奇、海盗船、威刚、金泰克等。

2）与主板的兼容性

在选购内存条时，还要注意它与系统的兼容性，特别是升级内存条的用户要注意，兼容性不好可能会导致无法开机、蓝屏、死机等不稳定现象，一定要做好测试。

3）内存条容量选择

内存条容量的选择应根据计算机运行的软件来定，一般要选择 4～8GB 或更大，同时也要考虑以后的升级性能。

任务 4 认识和选购硬盘

硬盘（hard disk drive，HDD）的全称为硬盘驱动器，我们通常说的外存主要指的就是硬盘，它是计算机外存的主要部件，因其存储数据介质是在硬盘内部的刚性磁盘片，和读/写盘片数据的磁头和驱动机构封装在一起，因此成为硬盘。

学习情境 1 了解硬盘分类

1. 按盘片直径分类

硬盘按盘片直径不同分为 5.25、3.5、2.5 和 1.8 英寸等（1 英寸＝2.54 厘米），如图 2.28～图 2.31 所示，分别对应台式机硬盘、笔记本电脑硬盘和移动硬盘。

2. 按接口进行分类

硬盘接口有 IDE、SCSI、Serial ATA、光纤接口硬盘等。

1）IDE 接口硬盘

IDE（integrated drive electronics）接口硬盘如图 2.32 所示，数据传输速率由 33MB/s 到 133MB/s，因速度太慢，现在该接口已被淘汰。

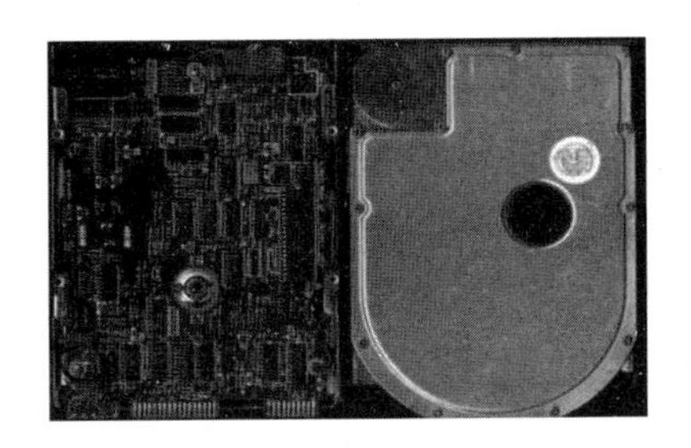

图 2.28 5.25 英寸硬盘

图 2.29 3.5 英寸台式机硬盘

图 2.30 2.5 英寸的笔记本电脑硬盘

图 2.31 1.8 英寸移动硬盘

2）SCSI 接口硬盘

SCSI 小型计算机系统接口如图 2.33 所示，一般是服务器、工作站等的专用硬盘接口，速度为 320MB/s。需要单独的 SCSI 卡，SCSI 硬盘价格较贵。

图 2.32 IDE 接口硬盘

图 2.33 SCSI 接口硬盘

3）SATA 接口硬盘

SATA 接口硬盘是现在的主流，如图 2.34 所示，以串行方式传输数据，减少了针脚数量，效率更高。SATA 1.0 数据传输率达 150MB/s，2.0 为 300MB/s，3.0 为 600MB/s。

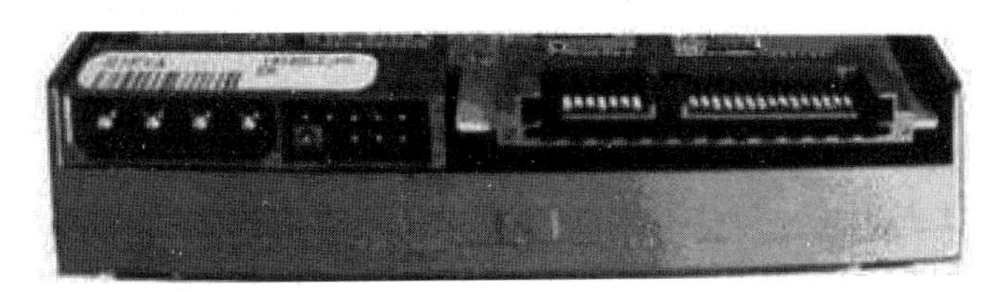

图 2.34 SATA 接口硬盘

4）光纤接口硬盘

光纤通道具备高带宽、可带电插拔、扩展设备数量大等优点，最高传输速度可达 2Gbit/s 和 4Gbit/s，主要用在大型服务器上，组成磁盘阵列。

学习情境 2　理解硬盘结构和工作原理

1. 硬盘外部结构

硬盘外部由硬盘封装外壳、数据接口、电源接口、控制电路板等构成，如图 2.35 所示。

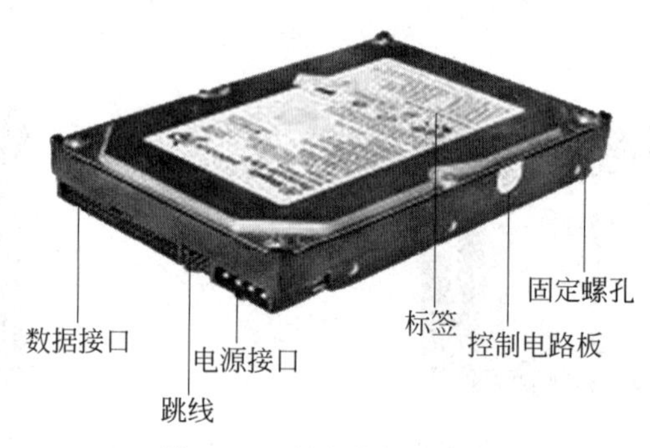

图 2.35　硬盘外部结构图

2. 硬盘工作原理

1）机械硬盘工作原理

机械硬盘核心部件包括存储数据盘片、转动电机、读写磁头组件和寻道电机等，如图 2.36 所示。硬盘盘片上有磁介质，磁头可以改变磁介质的磁极，不同磁性代表数据 0 和 1，不同 0 和 1 的组合就表示不同的数据。硬盘记录数据的盘片上分为磁面(S)、磁道(T)、柱面(C)与扇区(S)，用于数据存储和快速数据读写，扇区是硬盘存取数据的基本单位。

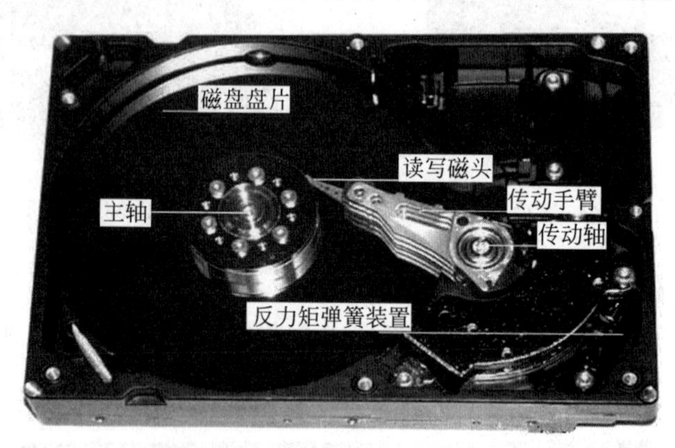

图 2.36　机械硬盘的内部结构

2）固态硬盘工作原理

固态硬盘(SSD)是当前主流的硬盘技术，它是用固态电子芯片阵列存储数据，与机械硬盘相比，因读写速度快、体积小、功耗低等特点，其应用范围越来越广，如图 2.37 所示。固态硬盘现用的接口有 SATA、M.2、mSATA 和 PCI-E 等。

图 2.37　固态硬盘的内部结构(M.2 接口)

学习情境3　掌握硬盘选购方法

1. 机械硬盘选购

现在机械硬盘已经很成熟了,购买时首先看品牌,机械硬盘主要是西部数据和希捷两个品牌;其次主要是看用户的存储容量需求,现在机械硬盘的价格比较便宜,软件的容量都比较大,建议选择存储容量在2TB以上;最后是盘片的转速,机械硬盘转速有7200rpm和5400rpm,服务器硬盘转速可达10000rpm以上,目前大多数机械硬盘转速都为7200rpm。

2. 固态硬盘选购

选购固态硬盘时首先看品牌,如闪迪、影驰、金士顿、希捷、Intel、金速、金泰克等;其次是容量,当前固态硬盘价格相对较贵,需根据需求,考虑用多大的容量,常见的容量有128GB、256GB、512GB等;最后考虑接口,现在SATA和M.2是固态硬盘常用的接口。

表2.11所示为希捷台式机硬盘技术参数。

表2.11　希捷台式机硬盘技术参数

主体	品牌:希捷(Seagate),系列:Desktop HDD,型号:ST4000DM000,类别:3.5寸台式机,硬盘类型:普通级硬盘
规格	接口类型:SATA接口,容量:4TB,读写速度:180MB/s,单碟容量:1TB,缓存:64MB,转速:5900rpm,启动功率:7.5W,启动电流:2A,平均寻道时间:8.5ms
特性	TRIM:支持
其他	特色:希捷(Seagate)　ST4000DM000 4T 5900转 64M SATA 6Gb/s,台式机硬盘:建达蓝德

表2.12所示为浦科特固态硬盘(SSD)技术参数。

表2.12　浦科特固态硬盘(SSD)技术参数

主体	品牌:浦科特 PLEXTOR,型号:PX-512M8PeGN,类别:游戏发烧型,笔记本电脑,台式机
基本参数	系列名称:M8Pe NVMe,固态硬盘容量:480~512GB,传输接口:M.2 2280
规格	主控:Marvell 88SS1093,接口类型:M.2 2280接口,读写速度:连续读取速度高达2500MB/s,连续写入速度高达1400MB/s,缓存:512MB,LPDDR3,颗粒:TOSHIBA 15nm Toggle MLC
特性	工作温度:0~70℃,TRIM:支持

任务5 认识和选购光驱与光盘

学习情境1 了解光驱分类

光驱根据读写原理分为CD-ROM、CD-R、CD-RW，以及DVD-ROM、DVD±RW等。

光驱根据安装连接位置分为内置光驱和外置光驱，如图2.38和图2.39所示。

图2.38 内置蓝光光驱

图2.39 外置式光驱存储产品

光驱根据传输速率分为40倍速读取、52倍速读取、8倍速写入、16倍速写入等。

光驱根据接口分为IDE、SCSI、SATA和USB接口。

学习情境2 理解光驱结构及工作原理

1. 光驱结构

光驱的结构如图2.40所示。

(1) 光驱托盘：主要用于承载光盘。

(2) 激光头组件：负责读写光盘数据，并将读取数据通过数据线传输到计算机。

(3) 主轴电机：带动光盘转动。

(4) 托盘进出机构：控制光驱托盘进出。

图2.40 光驱的内部结构

2. 光驱工作原理

光驱是一个融合了机电技术和光学技术的设备，光驱激光二极管产生波长0.54～0.68μm的激光束，光束射到盘面上反射回来，因光盘上有凹点和空白，反射回来的光线强度就不同，经光检测器识别为0或1，激光头在电机的控制下移动读取数据，如图2.41所示。

表2.13所示为先锋BDC-207BK8速蓝光COMBO驱动器(黑色)技术参数。

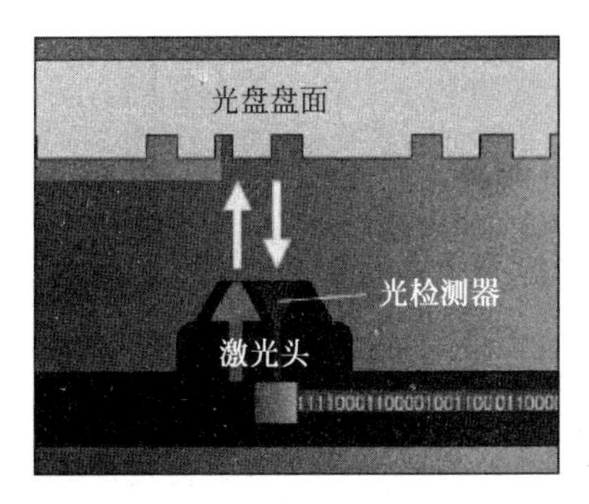

图 2.41　光驱工作原理

表 2.13　先锋蓝光光驱技术参数

读取速度	DVD-R(DL),12×　DVD+R(DL),12×　DVD-R,16×　DVD-OM(Single),40×　DVD-RW,6×　DVD+R,16×　CD-ROM,40×　CD-R,40×　CD-RW,24×　DVD-RAM,5×　DVD-ROM(Dual)12×
写入速度	DVD+RW,8×
主体	品牌：先锋 Pioneer,型号：BDC-207BK,类别：蓝光 COMBO,接口类型：SATA 接口,颜色：黑色
特性	蓝光 COMBO
其他	特色：先锋(Pioneer)BDC-207BK 8 速,蓝光 COMBO 驱动器(黑色)
物理参数	缓存：4MB,尺寸：148mm×42.3mm×171.2mm

学习情境 3　掌握和选购 DVD 光盘

DVD-R、DVD-RW、DVD+RW 都称为 DVD 光盘,如图 2.42 所示。标准光盘直径 120mm,内孔 15mm,厚度 1.2mm；小光盘外径 80mm,内径 21mm,厚度 1.2mm。

光盘是分层结构的,如图 2.43 所示：E 层是塑料基底保护层；D 层是染料层,也叫数据记录层,该层质量决定了光盘性能；C 层是反射层,反射光驱激光束；B 层是保护层；A 层是印刷层,用来印刷标志或图案。

图 2.42　DVD 刻录光盘

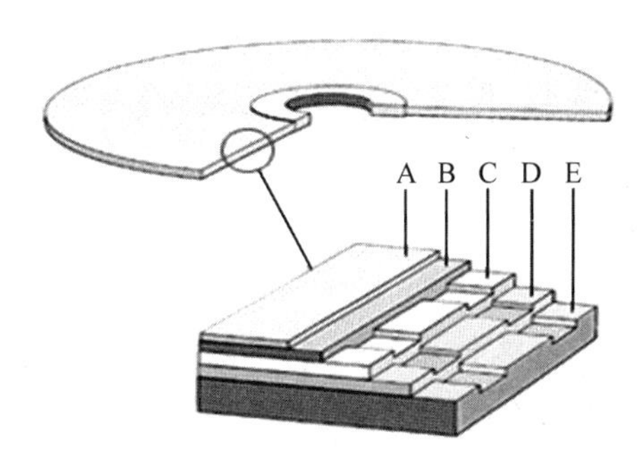

图 2.43　DVD 光盘盘片结构

1. DVD 光盘分类

DVD 光盘按容量不同分为 4 种格式：单面单层(4.7GB)、单面双层(8.5GB)、双面单层(9.4GB)、双面双层(17GB)。

2. DVD 光盘选购

选购 DVD 光盘时首先是品牌，光盘有 BenQ、SONY、TDK、清华同方等品牌，好的品牌一般有好的质量，劣质光盘不但会影响数据存储，也可能导致光驱损坏；其次是看记录数据的层的材料，根据材料的不同分为绿盘、蓝盘、金盘，目前常用的有机染料有花青素(绿盘)、钛菁(金盘)、苯二甲蓝染料(蓝盘)等，通常情况下，金盘是最好的，不仅兼容性好，而且数据保存时间也最长。

一、填空题

1. 主板是计算机硬件运行平台和________，主板按照是否为整合主板分为整合型和________型。

2. 主板芯片组可分为南北桥芯片型和________芯片型两类。

3. 南北桥芯片组由________负责控制和协调 CPU、内存条、显卡等高速部件数据传输；由________负责控制和协调 USB、SATA、LAN、声卡等低速接口及部件的数据传输。

4. Power LED 指的是________，是________方向接头。重启的英文全称是________，是________方向接头。

5. CPU 是________的缩写，它是计算机系统的核心，由运算器、________、寄存器组和内部总线等构成。

6. 根据内存条所应用的主机不同，可分为________、________、________。

7. 硬盘与计算机之间的数据接口常用的有三大类：SCSI 接口、________和________接口硬盘。

二、简答题

简述主板上南北桥芯片的作用是什么？

1. 到市场上或上网了解当前主板的价格情况。

2. 能够分析处理主板常见的故障。

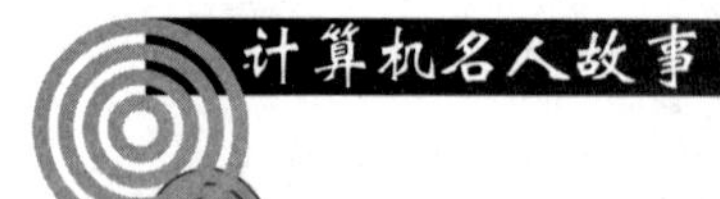

集成电路领域有一个著名的“摩尔定律”，该定律的发明人是高登·摩尔(Gordon Moore)(见图 2.44)。1965 年，摩尔画了一张坐标图，纵坐标表示集成电路的发展，横坐标表示集成电路的发展时间，坐标曲线显示每 18～24 个月集成电路内部晶体管数量就会翻一倍，同时价格也刚好降一半。高登·摩尔的另一个典型事迹是在 1968 年与罗伯特·诺伊斯

带领一群工程师离开仙童公司，成立了 Intel，就是现在世界著名的英特尔公司。

图 2.44 高登·摩尔

项目 3

认识和选购计算机外设和其他部件

任务导入

计算机外设就是除主机以外的硬件设备及计算机外围设备，简称外设。外设有输入部分，如鼠标、键盘、麦克风、扫描仪等；有输出部分，如显卡、声卡、显示器、音箱、耳机、绘图仪、打印机等。外设就像人的五官和四肢一样，光有头部和身体是远远不够的，外设是计算机非常重要的功能部件，是不可或缺的。

主要内容及目标

(1) 认识键盘、鼠标和掌握选购方法。

(2) 认识声卡、音箱和掌握选购方法。

(3) 认识显卡、显示器和掌握选购方法。

(4) 认识机箱、电源和掌握选购方法。

任务 1　认识和选购键盘、鼠标

学习情境 1　掌握键盘知识

1. 键盘的概念

键盘是一种输入设备，向计算机主机输入既定的编码，如指令、字符和数值等参与后续的运算和存储，如图 3.1 所示。键盘是最常用也是最主要的输入装置，可以将英文、汉字、数字、符号等世界各国文字输入计算机中，向计算机发出命令、输入数据等，从而完成运算，服务于工、农业生产和日常的工作、学习。

图 3.1 键盘

2. 键盘的分类

1) 按键盘编码方式分类

按键盘编码方式不同,键盘可分为编码键盘和非编码键盘。

编码键盘:由硬件的逻辑电路完成按键识别工作。用户每按一次键,按键将每个键的二进制读数(ASCII 码)通过脉冲电路告知微处理器,一般还具有反弹跳和同时按键保护功能。当主机和键盘之间有繁重的数据交换时,可编程键盘管理接口芯片和编码式键盘提供一种比较好的解决方案,相比较非编码键盘有一定的优势。

非编码键盘:只提供键盘的行列与矩阵,速度较慢,结构简单,按键读数的值依靠软件完成,占用 CPU 的时间,使其通用性较差。

2) 按键盘工作原理或按键类型分类

按工作原理或按键类型来分类,键盘可分为机械式键盘、塑料薄膜式键盘、导电橡胶式键盘和柔性键盘(又称触摸式键盘)。[1]

机械式键盘出现最早(见图 3.2),它通过金属开关的导通和断开来完成一次操作;机械式键盘的按键是弹性复位的,具有手感明显、工艺简单、噪声大、易维护、打字时节奏感强、长期使用手感不会改变等特点;机械式键盘的金属开关也称为"轴",可分为传统的茶轴、青轴、白轴、黑轴、红轴以及 Romer-G 和光轴;而其缺点是触点处易侵入灰尘而导致接触不良,材质用料较好的机械式键盘售价较高。

图 3.2 机械式键盘

塑料薄膜式键盘如图 3.3 所示,键盘内部共分四层,用塑料薄膜隔开,实现了无机械磨损。其特点是低价格、低噪声和低成本,市场占有率非常高,由于材质问题,长期使用手感会变差。

导电橡胶式键盘如图 3.4 所示,原理是每按一次键,改变电容开关的电容值来实现,优点是几乎没有磨损,噪声小,手感也不错,在制造工艺上结构相当复杂,价格较贵,市场占有

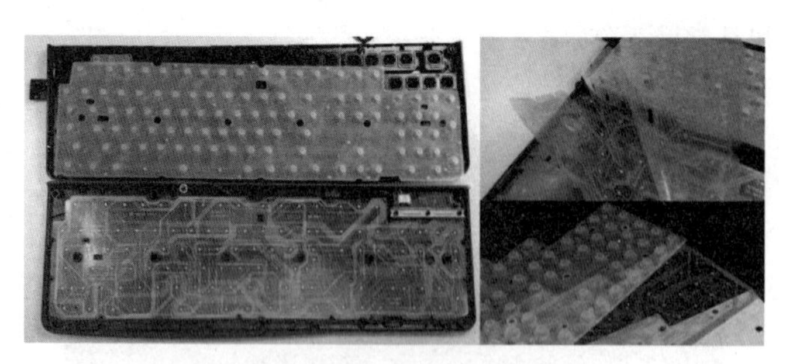

图 3.3 塑料薄膜式键盘内部结构

率低。

柔性键盘是一种新型键盘，原理类似塑料薄膜式键盘，其主要材料是柔性、灵活、可伸缩的橡胶，如图 3.5 所示。柔性键盘按键最大的特点是防尘、防潮、耐蚀，外形美观，方便携带，可作为将来的可穿戴设备使用。

图 3.4 导电橡胶式键盘内部结构

图 3.5 柔性键盘

3）按接口类型分类

键盘接口类型分三种：COM 接口，如图 3.6（左）所示；PS/2 接口，如图 3.6（中）所示；USB 接口，如图 3.6（右）所示。COM 接口和 PS/2 接口的键盘已逐渐被淘汰，少部分主板还有 PS/2 接口。USB 接口的有线和无线键盘是目前主流产品，其键盘结构与 COM 接口和 PS/2 接口键盘基本一致，无线键盘有一个发射端和 USB 的接收端。

图 3.6 COM 接口、PS/2 接口和 USB 接口

4）按键位布局分类

不同品牌、不同型号的计算机键盘，按键布局不完全相同。键盘的按键数根据功能和出现的历史时间段不同，有 83 键、87 键、93 键、96 键、101 键、102 键、104 键、107 键等，按键键数的主要区别在是否有数字小键盘，购买时注意选购符合自己使用习惯的键盘。

3. 键盘的选购

1）检验键盘的品质

不同品牌、不同型号、不同材料、不同工艺生产的键盘有很大差异，因此购买键盘时，要查验键盘表面是否美观，外露部件是否精细。劣质的键盘外观上也粗制滥造，而且内部印制电路板工艺也差，使用不了多长时间，就会出现这样那样的问题。

2）注意键盘的手感

键盘跟手的接触很多，键盘的手感也很重要，需要在购买的时候试用一下，手感太轻、太软不行；手感太重、太硬也不行，容易对手造成伤害，且击键时响声过大。好的键盘按键应该平滑轻柔，弹性适中而灵敏，按键无水平方向的晃动，松开后立刻弹起，这样的感受才是符合要求的。

3）注意使用键盘的舒适度

对于长期使用键盘的用户建议选择人体工程学键盘，这种键盘对手和手臂有保护功能，如图3.7所示。

图3.7　人体工程学键盘

学习情境2　掌握鼠标知识

1. 鼠标的概念

鼠标全称“鼠标器”，因形似老鼠而得名，鼠标的使用是为了使计算机的操作更加简便快捷，也是计算机的一种外接输入设备，方便快速的点击代替键盘指令。

2. 鼠标的分类

1）按接口类型分类

鼠标的接口类型和键盘一样可分为：COM接口、PS/2接口、USB接口（见键盘的接口类型介绍）。

2）按工作原理分类

鼠标按照工作原理分为两种：机械鼠标和光电鼠标。机械鼠标基本已淡出市场，光电鼠标是目前市场上的主流产品，如图3.8所示。

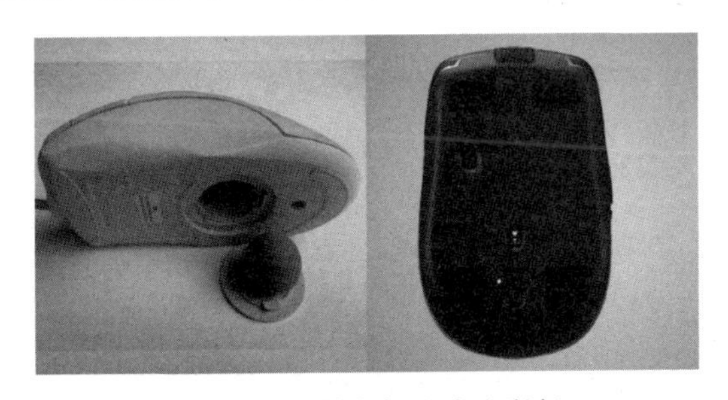

图3.8　机械鼠标和光电鼠标

机械鼠标主要由滚球、辊柱和光栅信号传感器组成。拖动鼠标时，带动滚球转动，滚球又带动辊柱转动，装在辊柱端部的光栅信号传感器产生的光电脉冲信号反映出鼠标器在垂直和水平方向的位移变化，再通过程序的处理和转换来控制屏幕上光标箭头的移动。[2]

光电鼠标是通过检测鼠标器的位移,将位移信号转换为电脉冲信号,再通过程序的处理和转换来控制屏幕上的鼠标箭头的移动。光电鼠标用光电传感器代替了滚球,光电鼠标的优点是精确,也是目前市场上的主流产品。

3. 鼠标的选购

质量可靠首先要考虑品牌,如罗技、雷柏、双飞燕等品牌的产品质量都比较好,但要和选购键盘一样进行比较、分辨,还要关注分辨率等参数。

手感在选购鼠标时也很重要,要根据自己的手形和使用习惯选择适合自己的鼠标,价格也是一个需要考虑的指标。键盘和鼠标除了单独选购之外,还可以选键鼠套装,前面介绍的品牌也有不错的选择。

任务2 认识和选购声卡、音箱

学习情境1 掌握声卡知识

1. 声卡的功能

声卡也叫音频卡、声效卡,是计算机多媒体系统中最基本的组成部分,是实现声波/数字信号相互转换的一种硬件。声卡的基本功能是把来自话筒、磁带、光盘的原始声音信号加以转换,输出到耳机、扬声器、扩音机、录音机等声响设备,或通过音乐设备数字接口(MIDI)发出合成乐器的声音。

2. 声卡的类型

声卡按照功能和接口主要分为板卡式、集成式和外置式三种类型,三种类型的声卡各有千秋,从普通声卡到 HiFi 级声卡都有提供,用户可以根据自身需求来选择不同的产品。

1) 板卡式

板卡式产品属于市场上的中高端声卡,产品本身也涵盖低、中、高各档次,售价从百元到上万元不等,自媒体时代,在音视频方面有需求的用户,可以选择一款合适的独立声卡,如图 3.9 所示。PCI 接口是目前的主流产品,在性能和兼容性方面都不错,支持即插即用,安装驱动即可使用所有功能。

图 3.9 板卡式-创新声卡

2）集成式

对于大多数用户来说，声卡能用就可以了，虽然板卡式声卡的兼容性、易用性及其他性能都有很好的表现，但为了更加廉价与简便，主板的生产商将声卡的芯片集成在主板上，出现了集成式声卡。

主板上集成的声卡芯片具有不占 PCI 接口、成本低、兼容性更好等诸多优点，同时也能满足大多数用户的音频需求，这样一来市场份额越来越大，促使集成声卡技术也不断提高，形成良性循环，逐渐提高集成声卡质量。

集成声卡有软声卡和硬声卡的区别，软声卡通过集成信号采集编码芯片，如图 3.10 所示，声音数据处理运算由 CPU 来完成，占用 CPU 的资源。硬声卡的设计与 PCI 接口声卡相同，只是芯片集成在主板上，不占 CPU 资源。

图 3.10 主板上集成声卡的芯片

3）外置式

外置式声卡通过 1394 接口或者 USB 接口与计算机连接，早期外置式声卡通过 1394 接口连接，随着 USB 接口的普及，逐渐取代 1394 接口，USB 接口和笔记本电脑连接使用，具有方便移动、笔记本电脑也可以获得更好的音质（如户外音频采集）等优点，如图 3.11 所示。

图 3.11 M-audio USB 接口外置式声卡

3. 声卡的选购

针对不同要求的声卡用户，如音乐制作，要求接口丰富，采样率高，对于 HiFi 级音乐迷，要求音质饱满浑厚，清晰，能分辨人声、乐器伴奏等不同位置，能辨析出更多的细节，都强调信噪比。反之，中低端的声卡根据价位不同，综合表现逐渐降低。声卡的好坏，同样非常依赖音箱、耳机的解析。

学习情境 2 掌握音箱知识

1. 音箱的功能

音箱是将音频数字信号还原成声音信号的设备，经过编解码、功率放大，由电能转换成声能，再把声波发射到相应的空间去，还原真实性的各项指标作为评价音箱性能的参数。

2. 音箱分类

按音箱的源分类，也就是箱体内置有功率放大器(即功放)，分为有源音箱，音箱内置有功放模块，如图 3.12 所示；无源音箱，箱体内无功放，需另外配置功放器，一般情况下，同样大小的箱体，无源音箱从分量上来说要轻一些。

图 3.12 漫步者 R206P 有源音箱

按音箱结构形式分类，分为落地式和书架式，落地式体积较大、音箱的功率比较大，声音低频的表现力度与弹性感较好，声音的量感足，在大场面的影视题材和有震撼力的交响乐等表现能力上更强，在剧场、影院的应用更多一些，落地式音箱各单元(如主音箱、中置、环绕、重低音)的定位摆放也有一些技术要求；书架式音箱体积小巧、声音的定位准确、各声部层次清晰，由于功率有限，在低频段的表现不足，量感小，人数较少的情况下使用也有较好的表现，是计算机多媒体声音表现的首选。

3. 音箱的选购

(1) 音质：对音箱进行试听，不是随便听一下就可以了，找一些 CD 试音光盘，会有对不同音域的表现，要多听多对比，对不同价位的音箱都试听一下。

(2) 信噪比也是一个重要的指标，音箱单位面积内追求功率大、信号强，如何把噪声和杂音降低也是检验音箱好坏的标准。

(3) 从音箱的工艺材料上来说原木的是上品，价位也较高，密度板也是不错的选择，塑料件箱体是比较差的，相应的电子元器件也会差。

(4) 对大多数用户来说，很难分辨音箱的质量，可以通过价格与品牌上去选择音箱产品，在各大网站和电商平台上搜索、分辨音箱情况和使用感受，能找到一个适合自己的音箱。

任务 3 认识和选购显卡、显示器

学习情境 1 认识显卡

1. 显卡的功能

给显示器输入信号并控制显示的配置卡简称为显卡，是计算机基本组成部分之一，承担输出显示的任务。显卡又被称为显示加速卡，显卡的用途是将计算机需要显示的信息进行转换，控制显示器的正确显示，是连接显示器和计算机主板的重要组件，是“人机”交互的重要设备之一。[3]

2. 显卡的分类

(1) 集成显卡：主板生产商将显示芯片集成北桥芯片组中，这样主板上就集成了显示功能，一般的家庭影音娱乐和普通办公使用都没有问题，降低了成本，同时功耗低、发热量小，集成显卡一般都没有显存，用系统中的内存作为显存，这样性能会受到影响，只有稍微高端一些的集成显卡在主板上集成显存，这样的集成显卡也可以胜任一些图形工作。

(2) 核芯显卡：新一代智能图形核心是集成在 CPU 中，也属于集成显卡的一种，随着 Intel 等厂商核显技术的进步，核芯显卡性能也越来越强，会逐渐取代中低端的独立显卡，也是显卡技术发展的新方向，特别在笔记本电脑的能耗上大有作为。

(3) 独立显卡：简称独显(见图 3.13)是指成独立的板卡存在，需要插在主板相应接口上的显卡。主流显卡的显示芯片主要由 NVIDIA(英伟达)和 AMD(超微半导体)两大厂商生产，独立显卡中的 GPU 图形处理器减少了对 CPU 的依赖，并完成部分 CPU 的工作，能够提供更好的显示效果，独显的功耗和热量都比较大，需要额外供电和增加散热。

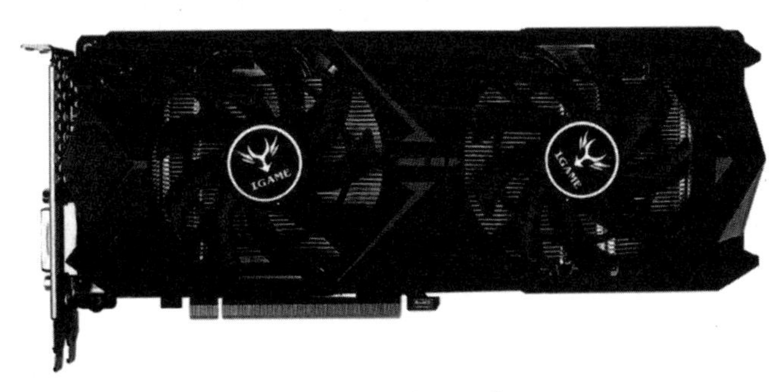

图 3.13 独立显卡

VR、CAD/CAM 应用、CG 图形设计、影视制作、游戏设计应用都非常依赖高端显卡，又如比特币、区块链技术等同样离不开高端独立显卡。

(4) 独立显卡接口类型。

PCI 显卡：全称 Peripheral Component Interconnect 显卡，较早期使用于计算机中，都是 486、Pentium 时代的产品，当然还有更早期的 ISA 和 VESA 显卡，都一一略过。

AGP 显卡：全称 Accelerated Graphics Port 显卡，是英特尔公司研发生产的 32 位总线接口显卡，可以增进显示性能，当时的显示带宽分别从 266MB/s 到 2133MB/s，已经有一个很好的现实体验。

PCI-E 显卡：也称为 PCI-Express 显卡，是最新的图形显卡接口，取代 AGP 显卡，PCI-E 显卡采用了点对点串行连接，可以把数据传输率提到一个更高的频率，显示带宽也成倍增加。

前几种显卡基本被市场淘汰，PCI-E 是目前主流的接口显卡。

(5) 选购时要选择品牌、价位，要关注性价比，还要关注显卡以下的一些参数。

显卡频率：是指显卡核心工作频率，同时对显存工作频率有要求，显卡芯片工作频率可以反映出显示核心的性能和运算速度。

显示存储器：简称显存，是暂时存储芯片处理过的数据或即将提取数据的存储器；显存频率高低体现显存速度的高低；显存大小也对速度有很大的影响，是衡量显卡性能的重要指标；显存类型是显卡存储器存储技术类型，根据技术发展有DDR2、DDR3、DDR4、DDR5等，型号越高表示存储速度越快；显存位宽，位宽越大，显存与显示芯片之间数据的交换也就越快，显存共有4个参数综合起来决定显卡速度。

图3.14所示是七彩虹iGame1070显卡技术参数。

品牌：七彩虹 COLORFUL	型号：iGame1070 烈焰战神 U-8GD5 Top	接口类型：PCI-E 3.0	核心品牌：NVIDIA
NVIDIA 芯片：GTX1070	核心频率：1506Hz(Boost：1683Hz)/1569Hz(Boost：1759Hz)	流处理单元：1920	显存类型：GDDR5
显存容量：8GB	显存位宽：256bit	显存频率：8008Hz	DirectX：最高支持 DirectX 12.1
OpenGL：4.5	DVI 接口：1个	HDMI 接口：1个	DP 接口：3
最大分辨率：支持4K分辨率输出	SLI：支持	散热器类型：风冷	电源接口：6pin×2

图3.14 七彩虹 iGame1070 显卡技术参数

学习情境2 认识显示器

1. 显示器的功能

显示器又称监视器，属于计算机的输出设备，可以将显卡输入的信号还原成人眼能够识别的图形和符号。

2. 显示器的分类

根据制造的技术手段不同、材料不同，显示器主要分为有阴极射线管(CRT)显示器、液晶(LCD)显示器和背光(LED)显示屏、等离子(PDP)显示器。

(1) CRT显示器全称Cathode Ray Tube，是一种使用阴极射线管的显示器，如图3.15所示，CRT显示器已逐渐退出市场，本书不做详细介绍。

图3.15 CRT显示器

(2) 液晶(LCD)显示器和背光(LED)显示屏。

LCD全称Liquid Crystal Display，即液晶显示器，显示器内部有很多液晶粒子，每一个粒子都分红、绿、蓝三种颜色，当显示器收到显卡数据的时候，会使粒子转动到不同颜色的面，来组合成不同的颜色和图像及字符，LCD面板(含TN、VA、IPS面板等)不能自己发光，需要背光照亮，早期的CCFL背光显示屏逐渐被LED显示屏取代。LED全称Light Emitting Diode，通过控制半导体发光二极管来显示，照亮LCD面板，随着技术的进步，LCD

显示器的技术也越来越成熟，如图 3.16 所示。最新的 OLED(Organic Light-Emitting Diode，有机发光二极管)是全新的显示技术。OLED 屏幕为自发光屏幕，无须背光照明，OLED 的发展和成熟代表着显示器的发展趋势。

图 3.16　液晶(LCD)显示器

(3) 等离子(PDP)显示器全称 Plasma Display Panel，成像原理是在显示屏上排列上千个密封的小低压气体室，通过电流激发使其发出肉眼看不见的紫外光，然后紫外光碰击后面玻璃上的红、绿、蓝三色荧光体发出肉眼能看到的可见光，以此成像。

等离子显示器的优越性：厚度薄、分辨率高，还可以作电视机使用，也代表着显示器的发展趋势。[4]

3. 接口介绍

(1) VGA 接口：VGA 接口属于模拟信号接口，现已逐渐淡出市场。

(2) DVI 接口：DVI 接口是数字接口，可以高速传输数字信号，有 DVI-A(12+5 针)、DVI-D(24+1 针/18+1 针)和 DVI-I(24+5 针/18+5 针)三种接口形式。

(3) HDMI 接口：高清晰度多媒体接口，目前应用广泛，是一种数字化视频/音频接口技术，设计上比 DVI 接口要简洁。

(4) DP 接口：全称 Display Port，高清数字显示接口，带宽较大，是 DVI 接口的升级；还有一种 mDP 接口——Mini-DP，是 DP 的小型接口，多用于笔记本电脑和平板电脑上。

(5) Type-C 接口：Type-C 是和 USB 接口连接的通用接口，是革命性的接口；集传输视频信号、音频信号，作为电源供电，正反两面插拔、体积小巧，可以承载速度为 10Gbps 的数据传输，还可以承载 100W 的双向电力传输，是一个多用途的接口。

4. 选购注意事项

选购显示器首先要了解显示器的参数和自己的需求，再了解显示器的尺寸、比例、刷新率、分辨率等，主要介绍显示器的比例和面板材质。

(1) 显示器的比例有 16∶9、16∶10、21∶9 三种，前两种属于正常比例，后者属于曲面屏。

(2) 显示器面板材质有 IPS、TN、VA 三种。

IPS 面板又称硬屏，色彩还原好，是目前市场上的主流产品。IPS 有三种规格，E-IPS 属于低端产品，AH-IPS 属于中高端产品，S-IPS 属于高端屏，高端 IPS 屏色彩正，响应速度快。

TN 面板的材质成本较低，效果较差，但是响应时间快，TN 面板按压屏幕会出现水波纹。

VA 面板是软屏，通常用于曲面显示器，色彩表现较好，如果在屏幕按压出现梅花一样的波纹，可以判断为 VA 面板。

(3) 显示器响应时间。液晶颗粒由暗变亮的时间也就是输出信号的反应速度，如果反应太慢就会看到拖影的现象，好的显示器是看不到拖影的。

(4) 显示分辨率是屏幕图像的精密度，是指显示器所能显示的单位面积内像素有多少。显示器单位面积内可显示的像素越多，画面就越精细，分辨率也越高，因此分辨率是评判一个显示器非常重要的指标。

图 3.17 所示是宏碁 XB271HU 显示器技术参数。

品牌：宏碁	型号：XB271HU Abmiprz	颜色：黑色	面板类型：TN
尺寸范围：27 英寸	面板尺寸：27 英寸	屏幕比例：16∶9	最佳分辨率：2560×1440
点距：0.233	响应时间：1s	亮度：350d/m^2	对比度：100 000 000∶1
可视角度：170°(H),160°(V)	内置音箱：有	LED 背光：是	HDMI：1 个
DP：1 个	USB：4 个	其他接口：HDMI、DP、USB 扩展/充电、音频/耳机输出	电源：32.02W
尺寸：61.4cm×40.1cm～55.1cm×26.8cm(含底座)	重量：7.00g(含底座)	是否支持壁挂：是	底座：旋转

图 3.17　宏碁 XB271HU 显示器技术参数

任务 4　认识和选购机箱、电源

学习情境 1　认识机箱

1. 机箱的功能

机箱一般包括外壳、支架、面板开关(启动、重启)、指示灯(电源灯、硬盘灯)、USB 接口等。支架主要用于固定板卡、电源和各种驱动器。

机箱是放置和固定各种计算机配件的载体，方便各种线材的连接，起到对各部件的承托和保护作用，计算机的各部件在工作的时候都会产生很大热量，非常需要在机箱内部形成冷却散热系统，还需具有屏蔽电磁辐射的重要作用。

2. 机箱类型

计算机机箱有 AT、ATX、Micro ATX 这几种型号。ATX 机箱是比较常用的机箱(见图 3.18(a))，支持大部分类型的主板。AT、Micro ATX 机箱只能安装相应类型的主板，是不能混用的，电源也有所差别，所以选购时一定要注意相应的型号。

除上述 ATX 型号外，根据应用场合的不同，还有 HTPC 机箱，是一般家庭影院所使用的计算机机箱(见图 3.18(b))；塔式机箱，比普通机箱要高要宽很多，内部空间也很大，一般计算机超级用户会使用，他们会在计算机中安装很多的配件(见图 3.18(c))；服务器机箱，此类机箱一般用于中小型企业单位，服务器机箱比普通机箱要求更高，在散热、扩展能力、安全性、认证都不一样(见图 3.18(d))。

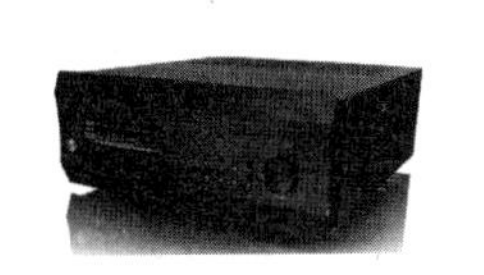

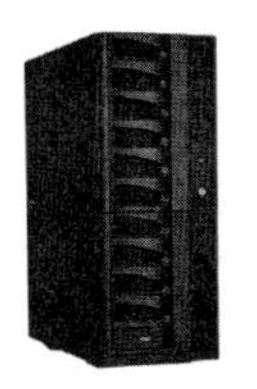

(a) 普通ATX机箱　(b) HTPC机箱　(c) 塔式机箱　(d) 服务器机箱

图 3.18　机箱

学习情境 2　认识电源

1. 电源的功能

计算机电源是安装在主机箱内的封闭式独立部件，其作用是将 220V 交流电变压成 +3.3V、−3.3V、+5V、−5V、+12V、−12V 等不同电压的直流电，供给主机箱内的主板、CPU、内存条、显卡、硬盘等计算机配件，还包括各种适配卡和扩展接口，外部即插即用的设备如鼠标键盘、U 盘等。

2. 电源分类

根据机箱和主板的型号和尺寸，电源也有相应的 AT 和 ATX 结构形式。

1) AT 电源

AT 电源是早些年 286 到 586 计算机使用电源，现已经淘汰，本书不作介绍。

2) ATX 电源

ATX 电源的外观是带有很多“引线”封闭式盒子，如图 3.19 所示。众多的“引线”是变压后的输出直流电源，20 芯的是给主板供电的，4 芯的一般是给硬盘供电的，ATX 电源中有个电源管理 Stand-By 功能，通过此功能在操作系统中对电源进行管理，还可以通过互联网发出信号到计算机网卡上，远程打开和关闭计算机。

图 3.19　ATX 电源

3. 电源的选购

购买电源首先还是选择品牌，知名品牌做工与用料都有保证，如航嘉、长城、海盗船等。同时，也要对各个品牌的电源进行对比、筛选，根据计算机系统合理搭配，以防买到劣质电源，劣质电源可能会导致计算机无法开机、死机、自动重启，甚至烧坏主板等一系列问题。

选购电源时，根据自己当前的配置的功耗选择电源的功率，如果是一般配置不带独立显卡，普通家用或者办公文档处理，额定功率 300W 足够了，如果带高端独立显卡、i7 以上的 CPU，配件较多，建议额定功率在 500W 以上，配置在两者之间，可以进行适当选配电源，选择电源时以额定功率为准，而非最大功率，在配置兼容机时要多看、多问、多对比、多了解。

图 3.20 所示是鑫谷 GP700G 黑金版机箱电源的技术参数。

80PLUS 认证：金牌	品牌：鑫谷 Segotep	型号：GP700G 黑金	类型：ATX 电源
额定功率：600	风扇：12cm 静音温控风扇	PFC：主动 PFC	效率：220V 典型负载转换效率 93%
主电源接口：20pin+4pin	CPU 12V 供电接口：4pin+4pin	D 型 4pin 接口：5 个	SATA 接口：6 个
8pin PCI-E 接口：(6+2)pin×4	输入电压：90～264V	支持宽幅：是	安全认证：80PLUS 金牌/CCC
尺寸：150mm×86mm×140mm	重量：2.3kg	支持温控：支持	峰值：700W
电源线长：主板(20+4)pin，长 550mm，CPU (4 + 4) pin，长 600mm，支持全塔背线	功率范围：501～700W	特性：80PLUS 金牌认证电源，支持全塔背线	

图 3.20 鑫谷 GP700G 黑金版电源技术参数

知识测试

一、填空题

1. 键盘按接口分类，分别是：________、________、________。
2. 声卡主要分为________、________、________三种接口类型。
3. 显示器按制造材料分为________、________、________等。

二、选择题

1. 计算机向使用者传递计算、处理结果的设备为(　　)。
   A. 输入设备　　B. 微处理器运算结果
   C. 存储设备　　D. 输出设备
2. 微型计算机硬件系统中，最常用的输出设备是(　　)。
   A. 显示器　　B. 硬盘
   C. 键盘和鼠标　　D. 软盘
3. 计算机最常用的输入设备和输出设备是(　　)。
   A. 显示器和打印机　　B. 键盘和鼠标
   C. 打印机和鼠标　　D. 键盘和显示器
4. 一个完整的计算机系统应包括(　　)。
   A. 硬件系统和软件系统　　B. 主机及外围设备
   C. 主机、键盘和显示器　　D. UPS 和计算机

拓展任务

到当地的电脑城，写一台适合自己的兼容计算机的报价，包括所有的外设，至少要拿回来 5 张报价单，这样会对主流配件有不同的了解。

计算机名人故事

求伯君(见图3.21),男,1964年11月26日出生于浙江省绍兴市新昌县,毕业于中国人民解放军国防科技大学,有“中国第一程序员”之称。他主导开发的WPS是目前最易用的办公软件,在安卓手机上也有很高的普及率,可以轻松实现文字、表格、演示等多种功能,以内存占用低、运行速度快、体积小巧等诸多优点在竞争非常激烈的软件市场占有一席之地。2000年当选CCTV中国十大经济年度人物,他曾果断拒绝微软开出的75万美元年薪,只为打造独一无二的民族品牌,他就是“WPS之父”,金山软件创始人。

图3.21　金山软件股份有限公司创始人:求伯君

项 目 4

计算机硬件组装与维护

计算机各部件之间要按顺序和规范组装成一个计算机整体，并安装上软件才能正常工作，掌握一定计算机硬件组装与维护技能，保障计算机系统规范与安全使用。

主要内容及目标

(1) 掌握计算机硬件组装维护基础技能。

(2) 掌握计算机硬件安装与维护方法。

任务1 掌握计算机组装维护基础技能

学习情境1 掌握计算机组装与维护准备工作

1. 工具准备

(1) 十字螺丝刀(带磁性，见图4.1)是拆卸和安装固定螺钉的常用工具。

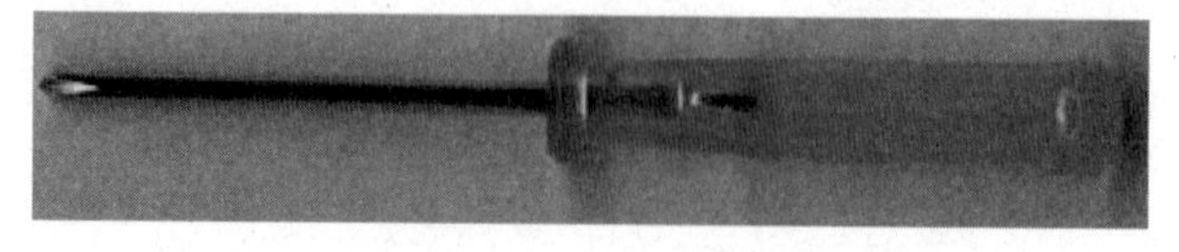

图4.1 十字螺丝刀

（2）一字螺丝刀用于拆卸机箱后面板的插卡挡板、包装盒等，如图 4.2 所示。

（3）镊子用来夹螺钉、跳线帽及其他小零件，如图 4.3 所示。

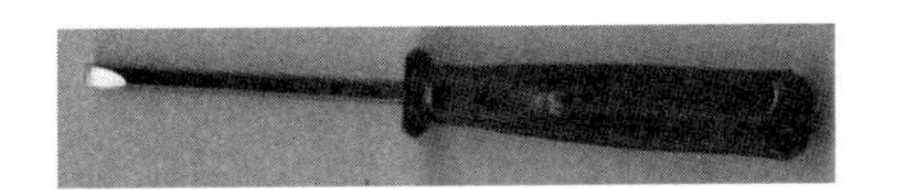

图 4.2　一字螺丝刀

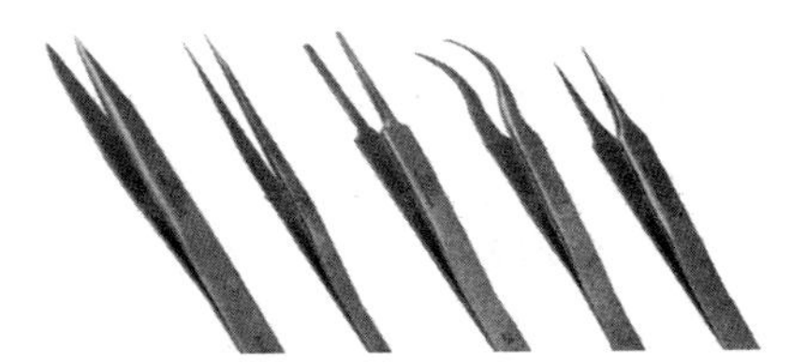

图 4.3　镊子

（4）尖嘴钳用于固定主板金属支撑柱，如图 4.4 所示。

（5）小毛刷用于清理板卡上的灰尘，如图 4.5 所示。

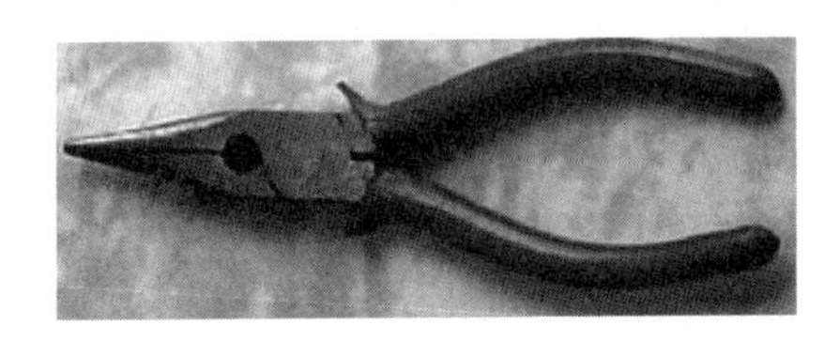

图 4.4　尖嘴钳

图 4.5　小毛刷

（6）吹风球用于清洁灰尘。用小毛刷刷过后，再用吹风球吹去灰尘，如图 4.6 所示。注意：不能用嘴吹灰尘，因口气里含水分，严重时可能导致短路，烧坏设备。

（7）橡皮擦用于擦除显卡、内存条等金手指上的氧化膜，如图 4.7 所示。

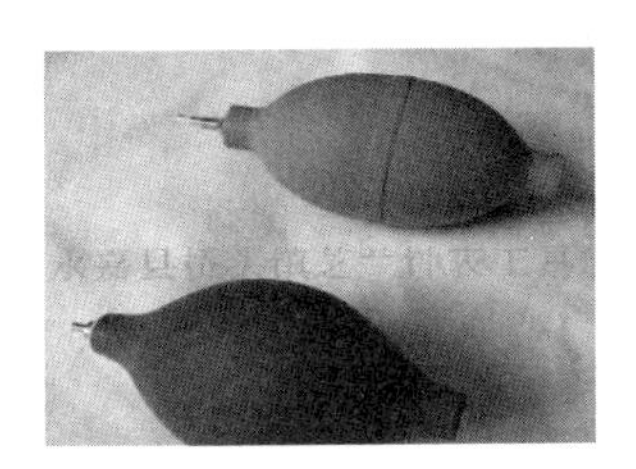

图 4.6　吹风球

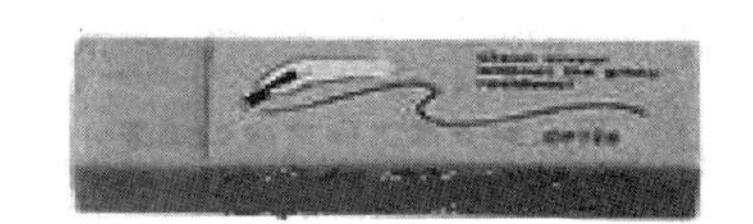

图 4.7　橡皮擦

（8）万用表常用于检查电源电压、电流、电阻值等，从而判断电路或电子元器件是否工作正常，如图 4.8 所示。

（9）小器皿用于放置硬件安装用的螺钉，以防弄丢，如图 4.9 所示。

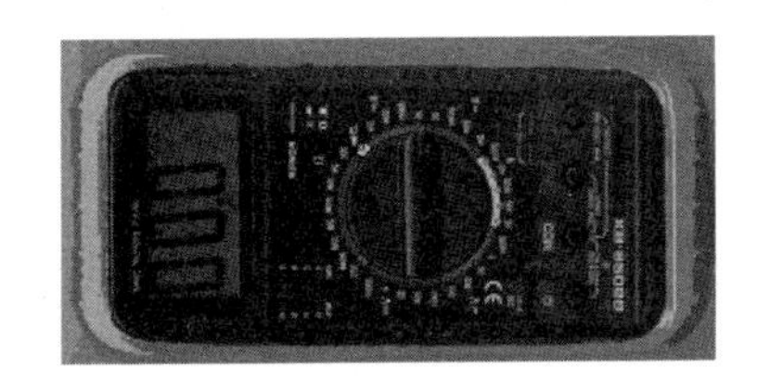

图 4.8　万用表

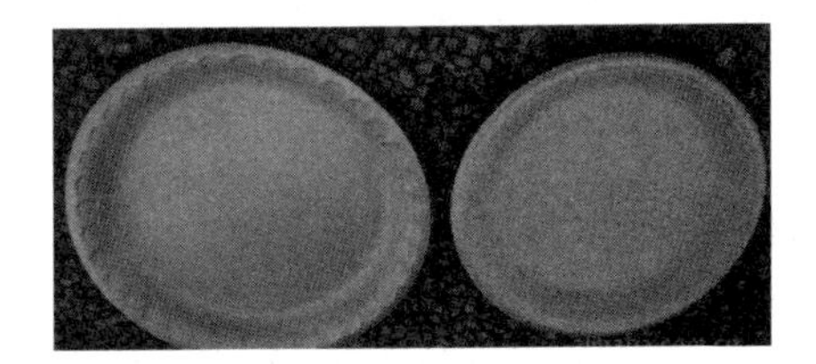

图 4.9　小器皿

（10）软件工具。如操作系统安装盘、驱动程序、硬盘分区软件、杀毒软件、日常办公软件、系统备份和还原软件等。

2. 配件及材料准备

（1）准备配件：主板、CPU及散热器、内存条、硬盘、机箱及电源、显示器、键盘、鼠标、数据线、电源线等。

（2）辅助器材：小器皿、电源插板、海绵垫等。

（3）耗材：导热硅脂、风扇油、焊锡等。

3. 工作台准备

计算机在安装、维护与维修过程中需具有方便性和规范性，因此应先准备一张$2m^2$左右的工作台。

计算机组装、维护与维修工作台布置示意图如图4.10所示。

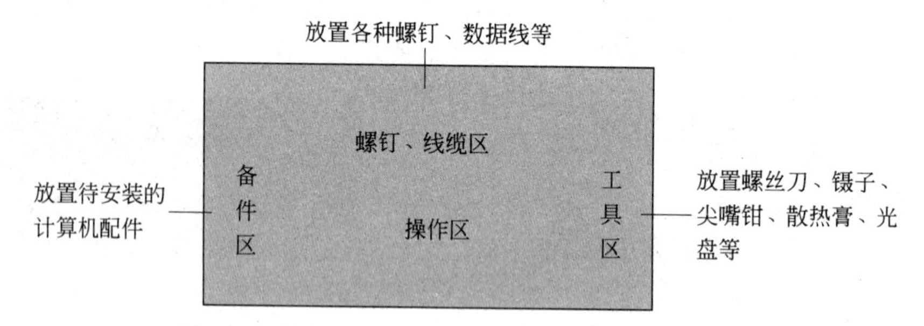

图4.10 计算机组装、维护与维修工作台布置示意图

学习情境2 理解计算机硬件安装注意事项及步骤

1. 计算机硬件安装注意事项

（1）释放静电。在接触硬件前，洗手或触摸接地金属导电体释放人体静电。

（2）查阅说明书。对不清楚安装方法的部件，一定要先看安装说明书，防止人为损坏设备。

（3）规范有序地摆放配件及工具。一般要按工具区、备件区、操作区等区域摆放配件和工具。

（4）有序进行安装。一般都是先在主板上安装好CPU、CPU风扇、内存条，再将主板安装进CPU，在机箱内不太好安装CPU及CPU风扇，不小心容易损坏配件。

（5）通电测试。在主板上安装CPU、CPU风扇、内存条后，可以接上主板电源和显示器，开机测试，确定没问题后再进行安装。

（6）安装用力要适度。不能用力过度，以免用力不当损坏配件，特别是针脚等容易变形，甚至折断。

（7）防止水滴在计算机配件上。在安装计算机时，水杯不要放在操作台上，以免不小心使配件沾水通电损坏。

（8）安装部件要到位稳固。安装内存条、显卡、声卡、网卡、硬盘等配件时，要确定是否安装到位，需要螺钉固定的配件要固定好。

（9）在通电前仔细检查，如轻轻晃动机箱，听一下是否有异响，以免有螺钉掉落机箱引发短路故障。

2. 计算机系统安装步骤

(1) 安装机箱电源，如果机箱空间较小，也可等机箱其他部件安装好后再安装电源。

(2) 安装 CPU 及 CPU 风扇，注意要接上 CPU 风扇电源线。

(3) 安装内存条，将内存条按方向插入内存插槽，注意要插到位。

(4) 安装主板，将主板安装在机箱底板上，注意固定螺钉要到位，主板 I/O 口要对准机箱预留的 I/O 口。

(5) 安装显卡，如果是独立显卡，需要将显卡安装到显卡插槽中，注意要安装到位，并用螺钉固定好。

(6) 安装声卡，如果是独立声卡，需要将声卡安装到 PCI 插槽中，注意要安装到位，并用螺钉固定好。

(7) 安装硬盘和光驱，接上数据线和电源线，注意要插到位。

(8) 连接机箱面板开关、指示灯与主板对应插针之间的连线，注意不要插错，还要注意方向。

(9) 安装显示器、键盘、鼠标等输入设备。

(10) 连接主机、显示器电源线。

(11) 检查各个部件连线，整理内部数据线和电源线，注意不要影响 CPU 风扇转动，准备开机测试。

(12) 开机启动，如果启动正常，就可以盖上机箱盖，开始安装操作系统了。

(13) 整理内部连线并合上机箱盖。

(14) 新计算机一般要运行 72 小时不关机，及时发现并处理硬件问题。

学习情境3 掌握计算机硬件日常维护

计算机是精密电子设备，如果不规范使用和维护，容易损坏或缩短计算机使用寿命，所以规范使用计算机是对用户的基本要求。

1. 规范开、关机

(1) 开机要先开显示器再开主机，其他外设可以不开，需要时再开。

(2) 关机要先关主机再关外设，注意要通过操作系统软件关机，不要直接按机箱电源关机，这样容易损坏硬件或导致数据丢失。

2. 平时的日常维护

(1) 开机通电时，不要搬动计算机，应该先关机。

(2) 发现计算机有火花、异味、冒烟、异响、温度过高等异常情况要立即断电，马上检查故障原因，并做好故障处理。

(3) 音箱、打印机、扫描仪等外设在不使用时，要将电源关闭。

(4) 长时间不用计算机时最好用防尘罩盖上，防止阳光直射和灰尘等。

(5) 防强电场、磁场，保证电源电压稳定。

(6) 做好重要数据和文件的备份和防毒、防黑措施，定期清理硬盘垃圾、碎片和临时文件等。

任务2　掌握计算机部件安装与维护方法

学习情境1　掌握主板安装和维护

1. 主板安装

先在主板上固定定位螺钉槽，然后将主板与定位螺钉槽和机箱后面板 I/O 口对齐，如图 4.11 和图 4.12 所示，注意拧螺钉用力要适度，不能过紧，也不能过松，螺钉要全部上齐。

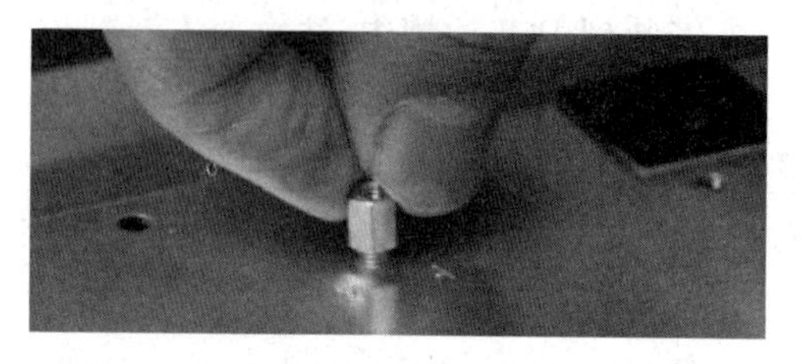

图 4.11　在主板固定孔里安装定位螺钉

图 4.12　固定主板

2. 连接机箱内部的信号线

将机箱面板上的电源开关、重启开关、电源指示灯、硬盘指示灯等的连线和主板上对应的插针相连接，连接方式在主板上或说明书上一般都有说明，如图 4.13 所示。

(a)

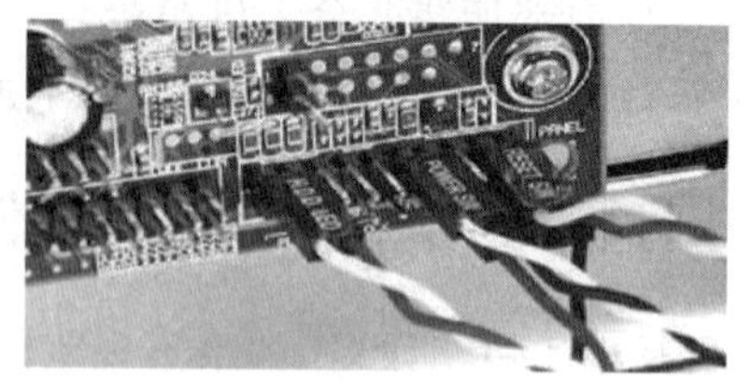

(b)

图 4.13　主板上信号线与连接示意图

这些线头的功能如下。

(1) PWR SW：电源开关。

(2) Power LED：电源指示灯。

(3) RESET SW：重启 Reset 开关。

(4) SPEAKER：机箱扬声器。

(5) HDD LED：硬盘指示灯。

插针的位置在主板上的标记如图 4.14 所示。

图 4.14　插针的位置在主板上的标记

3. 主板维护

(1) 防静电。在手接触主板前,要先释放人体静电,不要用手直接触摸主板元器件的焊头,以防静电损坏主板元器件。

(2) 除尘。如主板灰尘较多,可以拆下主板,用小毛刷清洁积尘。但要注意用力不要过大或过猛,以免引起主板元器件松动或脱落。

(3) 防变形。在安装主板时,固定主板螺钉要平稳,不能太紧或太松,否则长期使用会导致主板变形,引起内存、板卡等部件产生接触性故障。

(4) 防带电插拔。主板是计算机组装的硬件平台,计算机所有的配件都与主板有着密切的联系。在插拔板卡、内存条、硬盘等部件时,一定要注意不能带电插拔,否则容易引起短路,烧坏部件。

(5) 合理设置 CMOS 参数。合理设置主板 CMOS 参数,可以有效提高主板的性能,具体设置情况见 BIOS 设置章节。

学习情境 2 掌握 CPU 安装和维护

1. CPU 安装

在安装 CPU 前,要拉起 CPU 压杆,打开 CPU 固定盖子,如图 4.15 和图 4.16 所示。

图 4.15 拉起 CPU 插座手柄

图 4.16 将固定 CPU 盖子提起

在安装 CPU 时,要注意在 CPU 上角有一个金色三角形标志,在 CPU 插座上,同样有一个三角形标志,这是 CPU 安装的方向标志,将 CPU 的三角形标志角和 CPU 插座缺角方向对应,并将 CPU 安装到位,同时将金属手柄压下恢复原位,使 CPU 稳定安装在 CPU 插座上,如图 4.17 和图 4.18 所示。

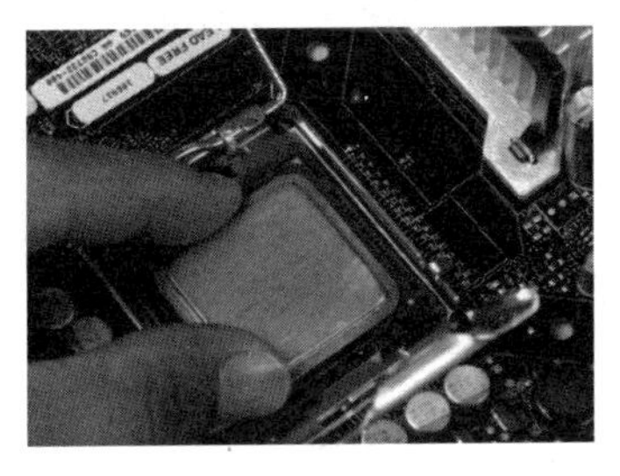

图 4.17 CPU 三角形标志

图 4.18 CPU 安装完成

安装 CPU 散热器,要先在 CPU 表面均匀地涂上一层导热硅脂,导热硅脂的作用就是保证 CPU 和 CPU 风扇之间接触良好,安装好 CPU 风扇后,注意还要给 CPU 风扇接上电源线,如图 4.19 所示。

图 4.19 连接 CPU 风扇的电源

2. CPU 维护

1) 要重点解决散热问题

CPU 的正常工作温度为 35~65℃,过高的发热量容易影响 CPU 性能,甚至烧坏 CPU,因此有必要为 CPU 选购质量可靠的 CPU 风扇,同时要让机箱内外空气保持通畅。

2) 防止 CPU 振动

须注意安装 CPU 风扇要稳固,因风扇高速旋转,如安装 CPU 风扇不稳固,就可能引起共振,影响 CPU 散热或损坏 CPU。

3) 监控 CPU 温度和 CPU 风扇转速

为防止不能及时发现 CPU 温度过高或者 CPU 风扇停转的情况,可到网上下载 CPU 监控软件。

学习情境 3 掌握内存条安装与维护

1. 内存条安装

现在的主板一般都是双通道和多通道插槽,不同通道的插槽用不同的颜色来区分(因本书单色印刷,未能体现),如图 4.20 所示。安装内存条时,先要把内存条插槽两端的固定扣打开,然后将内存条按方向插入内存条插槽中,并安装到位,如图 4.21 所示。

图 4.20 双通道主板内存插槽

图 4.21 双通道内存安装

2. 内存条维护

1) 防静电损坏

不要用手直接触摸内存条电路板和金手指,因身体上的静电可能导致内存芯片或元器件损坏,损坏内存条。

2) 防带电拔插

在计算机通电时不要安装和拆卸内存条。

3) 清洁金手指

内存条如长时间使用,金手指难免发生氧化而形成氧化膜,影响内存条和主板的接触,如发现内存条故障,可以先用橡皮擦清洁金手指氧化膜。

学习情境4 掌握硬盘安装与维护

1. 硬盘安装

因IDE接口硬盘已基本淘汰,这里主要介绍SATA接口硬盘安装方法。SATA硬盘连线为4针转15针的电源线和7针数据线,只要对应接口插到位就行,如图4.22和图4.23所示,接口有防插反设计。

图4.22 数据线连接主板

图4.23 数据线连接硬盘

2. 硬盘维护

1) 不能擅自将硬盘拆开

机械硬盘盘片是封闭在盘腔里面的,如果拆开,灰尘就会进入硬盘盘腔,硬盘工作时高速旋转磁头带动灰尘划伤盘片或损坏磁头,导致硬盘数据丢失。专业的硬盘维修,如需拆开硬盘,需要在特定的无尘空间进行。

2) 防振动

机械硬盘在工作时盘片是高速旋转的,因此在需要移动正在工作的主机或硬盘时,最好是在硬盘正常关机后再进行移动。安装硬盘要稳固。

3) 保持电压稳定

电压不稳或突然停电是机械硬盘损坏的主要原因之一,轻则数据丢失或损坏硬盘磁道,重则硬盘永久性损坏,因此对保存重要数据的计算机都要配UPS电源,防止突然停电。

4) 要定期进行磁盘整理,备份重要数据

定期使用系统工具或第三方软件对硬盘进行数据整理,使得硬盘数据存储更加节省空间,同时要做好硬盘重要数据的备份,以防数据损坏和丢失。

学习情境5 掌握光驱安装与维护

1. 光驱安装

机箱内置普通光驱或刻录机,其安装方法基本是一样的。先要把机箱前面板的光驱挡板取下,然后把光驱从前面插到位,前沿和机箱前面板对齐,然后在光驱两侧用螺钉固定,如图4.24所示。

图 4.24 安装光驱

2. 光驱维护

1）正确进盘和退盘

在光驱读盘指示灯亮时不要推盘，因为这时光驱正在高速读盘，激光头靠近光盘，这时强制退盘容易导致激光头划伤盘片，损坏激光头。另外，不要用手推拉光驱托盘。

2）光盘不用要退出光驱

在光盘不用时，不要将光盘长时间留在光驱内，这样会加重光驱的负担，经常要用的光盘内容，最好拷到硬盘上，方便使用。

3）选用质量好的光盘，保持光盘清洁

劣质和有灰尘的光盘容易加快光驱的老化，甚至损坏光驱，尽量用质量好的光盘，保持光盘清洁对延长光驱使用寿命是很重要的。

学习情境 6 掌握键盘、鼠标安装与维护

1. 键盘、鼠标安装

现在的键盘、鼠标一般都是 USB 接口，只要接到主机箱后面的 USB 接口就可以了，当然也可以选择无线键盘和鼠标。

2. 键盘、鼠标的维护

1）键盘维护

键盘维护的注意事项：一是保持键盘清洁，过多的灰尘会影响键盘按键的灵敏度，可以给键盘配一个防尘垫、键盘可以用软布蘸酒精清洗；二是使用键盘时按键力度要适中，动作轻快。

2）鼠标维护

鼠标维护的注意事项：一是不要碰撞鼠标；二是鼠标使用时击键要轻快，以免损坏鼠标弹性开关；三是保持鼠标清洁，可以配一个专用鼠标垫，保持鼠标良好的感光状态。

学习情境 7 掌握声卡、音箱安装与维护

1. 声卡与音响安装

对个人计算机来说，大多数都是集成声卡，只要把音箱连接线插到对应的音频插孔，接上音箱电源就可以了，如图 4.25 所示。

图 4.25 声卡与音箱的连接

2. 声卡与音响的维护

(1) 音箱摆放位置。音箱的摆放位置对提高音质是有帮助的,要保证音箱正对使用者,如果是多声道的环绕立体声音箱要考虑用支架或在墙上固定,营造更好的音质环境。

(2) 注意防尘。在音箱不使用时要加上防尘罩,防止儿童触碰放音单元。

(3) 音箱音量调节。音箱不用时要关闭音箱或者将音量调到最小,防开机时瞬间电流直接冲击,导致音箱损坏或影响音质。

学习情境8 掌握显卡、显示器安装与维护

1. 显卡、显示器安装

现在的独立显卡一般都是 PCI-E 接口的显卡,所以只要插到相应的 PCI-E 插槽,用螺钉固定好就可以了,如图 4.26 所示。

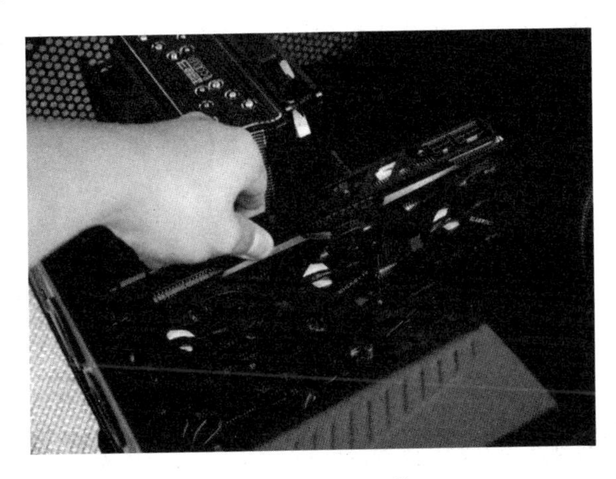

图 4.26 显卡安装

显卡安装好后,用显示器专用信号线将显示器和显卡连接起来,现在一般是用 HDMI 高清线连接,如图 4.27 所示。

2. 显卡、显示器维护

(1) 保护好显示器屏幕。显示器屏幕是显示器的核心,不能用重力敲击屏幕或者用尖锐的物体划伤屏幕。

图 4.27 显示器 HDMI 高清线

(2) 关机或长时间不用计算机时要关闭显示器，一是省电；二是减轻显示器负荷，减少发热等。

(3) 不要私自拆卸显示器。不是专业人员，不要拆卸显示屏，避免导致不能享受售后保修服务。

(4) 正确清洁显示器屏幕。用干净的软布蘸水后拧干并向同一方向擦拭，或者用专用的屏幕清洁液，不能用酒精清洗屏幕。

(5) 防阳光直射显示器屏幕，长时间的日光照射会加快显示器老化，缩短使用寿命。

(6) 显示器搬动时最好关机，也不要带电插拔显示器信号线，严重会损坏显示器甚至主板。

知识测试

一、填空题

1. 计算机组装维护工作台一般分为操作区、线缆和________、备件区和________区。
2. 开机应先开________，再开主机。关机应先关________，再关外部设备。

二、简述题

1. 简述计算机使用的注意事项。
2. 简述计算机常用的维修方法。
3. 简述计算机安装步骤及注意事项。

拓展任务

到实训室进行计算机硬件系统安装与维护基础技能训练。

计算机名人故事

罗伯特·诺伊斯(Robort Noyce)(见图 4.28)是在硅谷同时获得财富、威望和成就为数不多的天才之一，他是集成电路的发明者，和别人一起创办了两家伟大的公司：第一家是半导体工业的摇篮——仙童(Fairchild)；第二家就是赫赫有名的英特尔(Intel)，他与高登·摩尔和安迪·葛鲁夫一同创业，三人各有特点，诺伊斯是英特尔公司的“脸面”，摩尔则是公司的“心脏”，葛鲁夫是公司的“执行力”。

图 4.28 集成电路之父：罗伯特·诺伊斯

项目 5

BIOS参数设置应用

任务导入

计算机硬件之间是用既定的接口协议把这些硬件连接在一起的，即插即用，方便维修、更换、升级，这样我们就可以在这些硬件上安装软件操作系统（如 Windows、Linux、Mac OS 等），但是操作系统并不能直接调用这些硬件，就像中间还隔着一条河，需要一个桥梁来连接，这个桥就是 BIOS（Basic Input Output System），是计算机硬件的基本输入/输出系统。

BIOS 是计算机系统中最重要、最基础的程序，程序固化在一个不需要供电的芯片中，它为计算机提供基础的硬件控制，负责解决硬件的即时需求，提供自检及初始化、程序服务、设定中断等基本功能，按软件对硬件的操作要求完成各项命令并执行。

主要内容及目标

（1）了解 BIOS 功能。

（2）掌握 BIOS 参数设置的方法。

（3）掌握 BIOS 参数常见应用。

任务 1　了解 BIOS 功能

1. 自检及初始化

开机后 BIOS 最先被启动，然后它会对计算机的硬件设备进行完全彻底的检验和测试。

如果发现问题,一般分两种情况处理：严重故障停机,不给出任何提示或信号；非严重故障则给出屏幕提示或声音报警信号,等待用户处理,以上两种情况都需要专业人员或仔细阅读相关资料后进行设置,否则易造成相关设备、板卡的损毁。如果检测未发现问题,则将硬件设置为备用状态,然后启动操作系统,此时计算机的控制权交给用户。

2. 程序服务

BIOS 直接与计算机的 I/O(Input/Output,输入/输出)设备进行设置,通过特定的数据端口发出命令,传送或接收各种外部设备的数据,实现软件程序对硬件的直接操作,以此来控制整个计算机的内置和即插即用设备。

3. 设定中断

开机时,BIOS 会告诉 CPU 各硬件设备的中断号,当用户发出使用某个设备的指令后,CPU 会根据中断号使用相应的硬件完成工作,再根据中断号跳回原来的工作,使硬件系统内的各种设备有序协调地工作。

任务 2　掌握 BIOS 参数设置的方法

学习情境 1　了解 BIOS 型号

目前主流的 BIOS 有三个品牌，AMI、PHOENIX 和 AWARD 芯片,AMI 芯片是市场份额最大的,如图 5.1(中)所示。本项目 BIOS 的参数设置中以 AMI 芯片为主,其中 PHOENIX 芯片合并了 AWARD 芯片,部分主板标有 AWARD-PHOENIX 标志,但命令设置还是 AWARD 芯片的 BIOS,这三个品牌的 BIOS 界面都很简洁,操作上具有相似性。

图 5.1　BIOS 芯片的三大品牌

学习情境 2　理解 BIOS 参数设置

以 AMI BIOS 芯片为例介绍 BIOS 设置。开启计算机或重新启动计算机后,在开机屏幕显示如图 5.2 所示时,按 Del 键就可以进入 BIOS 的设置界面。

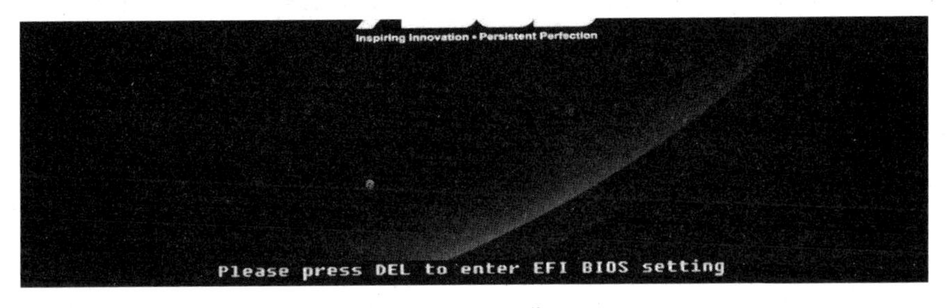

图 5.2　开机屏幕显示

不同品牌的计算机进入 BIOS 的快捷键是不同的，请在设置时查阅相关资料。进入 BIOS 后，可以用方向键移动光标选择 BIOS 设置界面上的菜单，通过上、下（↑、↓），左、右（←、→）方向键来选择具体选项，如图 5.3 所示上部的菜单，按 Enter 键进入子菜单，在子菜单的选项中出现 Enabled 表示启用，Disabled 表示关闭，再按 Enter 键确认选择，用 Esc 键来返回，按 F10 键保存并退出 BIOS 设置，不同品牌计算机的保存快捷键有所不同。

1. Main 主菜单

主菜单显示系统信息的概要信息，如处理器、显卡信息等，设置系统的日期、时间等。

(1) BIOS Information：BIOS 的信息。

(2) BIOS Vendor：显示 BIOS 的生产商 American Megatrends，即 AMI 芯片。

(3) Version：303 是显示 BIOS 的版本信息。

(4) GOP Version：集成显示芯片的信息。

(5) EC Version：嵌入式控制器的信息。

(6) Processor Information：中央处理器(CPU)的信息，当前显示是 Inter CPU 的型号和频率，是计算机运算速度的主要因素。

(7) Total Memory：系统中内存总量，主板上提供即插即用接口，显示本机内存容量为 4GB，内存是可以增加的。

(8) System Date：系统日期，通常显示目前日期，可单击修改。

(9) System Time：系统时间，通常显示目前时间，可单击修改。

(10) Access Level：BIOS 登录用户的状态，Administrator 或者 User 有权限区别。

2. Advanced 高级菜单

Advanced 菜单是 BIOS 中一些重要的设置，部分设置相关计算机能否正常使用，需了解设置参数。

(1) Start Easy Flash：该选项进入 Easy Flash 界面，用于更新管理 BIOS 软件，操作此选项有风险。

(2) Internal Pointing Device：笔记本电脑的触摸板启用选项。

(3) Wake On Lid Open：开盖唤醒功能启用选项。

(4) Intel Virtualization Technology：Intel 的虚拟化模拟多进程功能，与进入操作系统后的工具(如 VMware)配合使用。

(5) Intel AES-NI：是一种加密指令集。开启 AES-NI 指令集在加解密运算时会有速度的提升，一般都启用此选项。

(6) VT-d：虚拟化设置，建议开启。

(7) SATA Configuration：用来进行硬盘接口的设置，选择后进入 SATA Configuration 设置界面，合理的设置可以通过原生命令排序技术来提升工作性能。进入子选项 SATA Mode Selection，SATA 接口的模式，可选择的有 IDE 和 AHCI 模式，Windows XP 使用 IDE 模式，Windows 7/Windows 10 支持 AHCI 模式，选择不当的模式，会导致蓝屏。

(8) Graphics Configuration：是关于显卡显存的设置，在笔记本电脑中设置独立显卡或集成显卡启用，显存大小的设置。

(9) USB Configuration：设置是否使用 USB 设备，选择 USB 接口版本 1.0 或 2.0 模式等。

(10) Network Stack：网络堆栈，是用来在 UEFI 模式下预先启动内建网络用，使用

PXE(预启动执行环境)时需要。

3. Boot 启动菜单

启动菜单是引导启动设备和设置启动顺序等内容的菜单,是普通计算机用户需要掌握的 BIOS 知识点。

Boot Configuration:

(1) Fast Boot——选择加快开机速度,建议开启。

(2) Launch csm——使不支持 UEFI 的系统兼容该模块。

(3) Boot Option Priorities——引导选项优先顺序,该选项中有已安装可引导的各项硬件设备。

(4) Boot Option #(x)——引导优先级从 0 开始,按 Enter 键选择已经被识别的设备或选项,选择的设备将优先启动。

(5) Add New Boot Option——选择自定义选项,有下级选项。

① Add Boot Option——选择后添加一个新的引导设备或选项。

② Select Filesystem——选择含有引导功能的设备文件系统。

③ Path for Boot Option——选择引导设备里面可引导文件的路径。

④ Creat——创建前三项的引导设置,在 Boot Option #(x)中增加一个选择项。

(6) Delete Boot Option——删除自定义的 Add New Boot Option 选项,选择可进入下级选项,选择并删除即可。

4. Security 安全菜单

Security 是 BIOS 安全选项,设置 BIOS 管理员密码、用户密码,硬盘管理员密码,硬盘用户密码,外接设备安全管理等,此菜单中的部分选项需要慎重设置,错误选择会损毁设备。

(1) Administrator Password Status: 管理员密码状态,Not Installed: 灰色表示未设置。

(2) User Password Status: 用户密码状态,Not Installed: 灰色表示未设置。

(3) Administrator Password: 是 BIOS 的全部控制权限而设置的,按 Enter 键输入密码并确认即设定。

(4) User Password: 此选项为普通用户提供 BIOS 查看的权限,在开机时须输入密码继续操作,按 Enter 键输入密码并确认即设定。普通用户 User Password 以权限进入 BIOS 之后,在 Main 主菜单中,原来的 Access Level 会显示为 User,但是 Advanced、Boot、Security、Exit 四个菜单中的参数均不可修改,只有查看的权限。

(5) HDD Password Status: 硬盘密码状态,Not Installed: 灰色表示未设置,非重要数据不建议设置此密码。

(6) I/O Interface Security: I/O(Input/Output,输入/输出)接口安全设置,选择后会有下拉选项,进一步对内置和即插即用设备进行控制。

(7) LAN Network Interface: 设置有线网卡是否启用。

(8) Wireless Network Interface: 设置无线网卡是否启用。

(9) HDAUDIO Interface: 设置音频设备是否启用。

(10) SATA ODD Interface: 设置光驱是否启用。

(11) USB Interface Security: 对 USB 接口安全设置,选择后将会有下拉选项。

(12) USB Interface: USB 接口设置,选择“Lock”,所有 USB 接口设备均不可用,包括

USB引导设备。

(13) External Ports：外部接口是否启用，USB接口的所有外接设备包括USB接口的打印机、键盘、鼠标等。

(14) CMOS Camera：识别摄像头是否启用。

(15) Card Reader：读卡器接口是否启用。

5. Save & Exit 保存与退出菜单

完成了前面菜单设置后，是否保存各项设置，需要在下拉选项中进行确认，也可以按照右下框中的快捷键进行操作。

(1) Save Changes and Exit：保存修改并退出，选择确认即可执行，或者按F10键保存并退出BIOS，按既定的选择重启系统。

(2) Discard Changes and Exit：放弃修改并退出，选择确认即执行，或者按Esc键，不对BIOS进行任何修改并退出。

(3) Save Options：仍需要对BIOS设置，对下拉选项进行设置。

(4) Save Changes：保存对BIOS更改的设置，再次确认即可。

(5) Discard Changes：放弃对BIOS更改的设置，再次确认即可。

(6) Restore Defaults：恢复BIOS的原始设定，指恢复出厂设置，再次确认即可。

(7) Boot Override：选择指定的设备后，立刻重启并以选定的设备作为引导。

(8) Windows Boot Manager (P1：HGST HTS101010A9E680)：提示已选择引导设备的参数。

(9) Launch EFI Shell from filesystem device：用来开启可用文件系统EFI Shell的应用程序。

学习情境3　理解设置BIOS注意事项

BIOS中的管理员密码和硬盘密码，一般个人计算机不建议设置，密码遗忘会导致硬件无法正常使用，需要提高安全等级时，由专职管理员统一设置统一保管。

不同品牌、不同型号的主板，其BIOS设置选项略有不同，具体选项的参数和解释请阅读、查找相应的资料。

任务3　掌握BIOS参数常见应用

学习情境1　掌握BIOS启动故障处理办法

1. 开机显示 Bios Rom checksum error-System halted

开机显示Bios Rom checksum error-System halted是BIOS信息检查时发现错误，导致无法开机，这通常是在更新BIOS时出现错误造成的，也有可能是BIOS芯片损坏。但不管出现哪一种情况，主板及BIOS都需要经过专业的维修。

2. 开机显示 CMOS battery failed

开机显示CMOS battery failed是CMOS没有电了，需要更换主板上的电池。

3. 开机显示 CMOS checksum error-Defaults loaded

开机显示 CMOS checksum error-Defaults loaded 是 CMOS 自检时发现错误,需恢复到出厂默认设置。这种情况多在设置 BIOS 后经常出现,主要原因是由于供电造成的,比如超频失败也会出现这种情况,建议更换电池。更换电池后仍不能解决,CMOS 芯片可能已经损坏,应将主板送修或返厂。

4. 开机显示 press F1 to continue,del to setup

开机显示 press F1 to continue,del to setup 表示按 F1 键进入系统,或者按 Del 键进入 BIOS 设置程序。这个情况时有发生,此命令提示用户:BIOS 设置发现未知问题,有可能是 BIOS 的设置失误,也可能是没有检测 CPU 风扇等。在此提醒情况下,进入系统后计算机一般都可以正常使用,建议恢复出厂设置或更换风扇等。

5. 开机显示 hard disk install failure

开机显示 hard disk install failure 表示硬盘安装检测失败。用排除法来检测,首先是检查 BIOS 中硬盘的引导设置;其次是检查硬盘有关的硬件设置,包括电源线、数据线、硬盘的跳线设置。如果新购买的大容量硬盘也出现该显示则是主板兼容问题;最后可能是硬盘接口或者硬盘损坏。通过排除法一一找出问题所在。

6. 开机显示 keyboard error or no keyboard present

开机显示 keyboard error or no keyboard present 表示键盘错误或者没发现键盘。检查键盘连线是否正确,关机重新插拔键盘线,或者找一台好的或正在使用的计算机进行交换测试,以确定键盘的好坏。

7. 开机显示 memory test fail

开机显示 memory test fail 表示内存测试失败。因为内存不兼容或故障所导致,通过通电开机逐条检测,找出故障的内存;不同品牌、不同型号、不同容量的也会出现兼容问题,建议使用同品牌、型号、容量、批次的内存条。

学习情境2 了解计算机启动时响铃代码的含义

在计算机开机自检时,如果发生故障,有时便会响铃提示,而不同的响铃代表不同的错误信息,根据这些信息的含义,再做相应诊断就不难了。下面就介绍 Award BIOS 和 AMI BIOS 常见开机自检响铃代码的含义。

1. AWARD BIOS 报警声含义

(1) 1 短声:系统正常启动,表明机器没有任何问题。

(2) 2 短声:常规错误,请进入 CMOS Setup,重新设置不正确的选项。

(3) 1 长 1 短声:内存或主板出错,逐条检测内存,如内存没问题,就需要检查主板。

(4) 1 长 2 短声:显示器或显卡错误,关机重新插拔电源线、信号线,交换测试显卡。

(5) 1 长 3 短声:键盘控制器错误,需检查主板。

(6) 1 长 9 短声:主板 Flash RAM 或 EPROM 错误或者 BIOS 损坏,可换块 Flash RAM 试试。

(7) 不断地响(长声):内存条未插紧或损坏。

(8) 不停地响:电源、显示器未和显卡连接好,检查一下所有的插头。

(9) 重复短响:电源问题。

(10) 无声音无显示：检测电源，交换电源测试。

2. AMI BIOS 报警声含义

(1) 1 短声：内存刷新失败，内存损坏比较严重。

(2) 2 短声：内存奇偶校验错误。可进入 CMOS 设置，将内存 Parity 奇偶校验选项关闭，即设置为 Disabled。但若内存条有奇偶校验，那么在 CMOS 设置中打开奇偶校验对计算机系统的稳定性是有好处的。

(3) 3 短声：系统基本内存(第 1 个 64KB)检查失败。

(4) 4 短声：系统时钟出错，维修或更换主板。

(5) 5 短声：CPU 错误。交换 CPU 测试，如果此 CPU 在其他主板上正常，则肯定错误在主板上。

(6) 6 短声：键盘控制器错误。检测键盘是否插上；如果键盘连接正常但有错误提示，则换键盘测试；还有错误就是键盘控制芯片或相关的部位有问题。

(7) 7 短声：系统模式错误，不能切换到保护模式，这也属于主板错误。

(8) 8 短声：显存读/写错误。显卡需要维修或更换。

(9) 9 短声：ROM BIOS 检验出错。找好的、同型号的交换测试，如果证明 BIOS 有问题，可以采用重写甚至热插拔的方法恢复。

(10) 10 短声：寄存器读/写错误，需要维修或更换主板。

(11) 11 短声：高速缓存错误。

(12) 1 长 3 短：内存错误。

(13) 1 长 8 短：显示测试错误。显示器数据线没插好或显卡没插牢。

如果听不到响铃声也看不到屏幕显示，首先应该检查电源是否接好或损坏。其次查看是否少部件，如 CPU、内存条等。再次拔掉有疑问的板卡，只留显卡，建立最小系统测试。最后设置 BIOS 到出厂状态。如果显示器或显卡以及连线都没有问题，CPU 和内存也没有问题，经过以上检测后，计算机在开机时仍然没有显示或响铃声，那就可以确定是主板的问题，需要更换或者维修。[1]

一、填空题

1. BIOS 的全称是________。

2. BIOS 的基本功能有________、________、________。

3. 目前市面上常见的 BIOS 芯片主要有 ________、________、________三种。

4. 目前常见的进入 BIOS 的按键有________、________、________等。

二、选择题

1. I/O Interface Security(　　)。

A. 自检及初始化 I/O 设备　　B. 输入设备的程序服务

C. 设定 I/O 设备是否可以使用　　D. 以上全不对

2. 在传统 BIOS 中 U 盘安装系统时需要进行的设置是(　　)。

A. First Boot Device 设置成 U 盘启动

B. Second Boot Device 设置成 U 盘启动

C. Third Boot Device 设置成 U 盘启动

D. Boot Other Decice 设置成 U 盘启动

3. Exit without setup 的含义是(　　)。

A. 保存且退出　　B. 不保存且退出

C. 保存但不退出　　D. 不保存也不退出

4. Administrator Password 的含义是(　　)。

A. 定最高权限密码　　B. 设定用户密码

C. 设定 CMOS 密码　　D. 设定开机密码

三、简答题

为了防止别人进入计算机,要设置开机密码,该如何设置?设置密码有何风险?

拓展任务

对自己正在使用的台式机或笔记本电脑,找到对应的快捷键,进入 BIOS,找到本项目的相应选项进行设置。

计算机名人故事

任正非(见图 5.3),中国企业家,1944 年 10 月 25 日出生于贵州省安顺市镇宁县,1963 年,任正非就读于重庆建筑工程学院(现重庆大学),在大学期间,他自学完成高等数学、电子计算机、数字技术、自动控制等专业技术等课程,他的兴趣非常广泛,对逻辑、哲学也兴趣浓厚,还自学了三门外语。1987 年,任正非以 21 000 元人民币创立华为技术有限公司,1988 年任华为公司总裁。2018 年 3 月 22 日卸去副董事长,只任董事会成员,这 20 年是华为重要的 20 年,从 21 000 元人民币到 13 000 亿美元。

图 5.3　任正非

项 目 6

Windows 10 操作系统安装

计算机系统由硬件和软件构成，硬件是基础，软件是计算机功能实现的基础，而应用软件运行的基础则是操作系统，操作系统可以说是计算机系统的资源应用管家，它负责管理和协调硬件与软件之间的工作，并提供人机交互界面。

主要内容及目标

(1) 了解 PC 操作系统的安装基础知识。

(2) 了解驱动程序的安装基础知识。

(3) 了解应用软件的安装基础知识。

任务 1 了解 PC 操作系统的安装基础知识

学习情境 1 了解操作系统的功能及作用

计算机中的硬件系统是操作系统的基础，操作系统是应用软件运行的系统软件，从本质上说操作系统就是一个控制程序，用来协调、管理和控制计算机的所有资源与工作流程，计算机操作系统所处的位置和作用如图 6.1 所示。

操作系统的功能及作用具体可以分以下五个方面。

(1) 进程管理。解决中央处理器的利用率的问题，也就是 CPU 的调度、分配和回收等

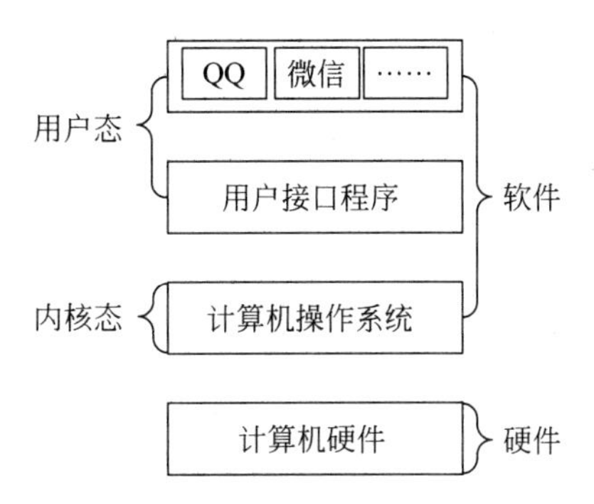

图 6.1 操作系统所处位置

问题，采取一些多道技术协调管理多道之间的并行关系。

（2）存储管理。主要协调管理主存利用的问题，包括主存的分配、共享、扩展等。

（3）设备管理。除中央处理器和主存外的其他设备管理，主要提供驱动程序的管理，包括输入/输出设备分配、传输控制等。

（4）文件管理。包括文件存储、文件目录、文件的操作等的管理。

（5）作业管理。主要处理输入/输出设备的操作请求管理。

学习情境2 了解操作系统发展

在计算机发展史中，随着技术的更新和发展，涌现出很多不同版本、不同设备上的操作系统，其中应用最广泛的有：塞班、Android（安卓）、iOS（苹果）、Mac OS、Windows、Linux、Unix、DOS系统等。

1. DOS操作系统

DOS操作系统是微软公司早期为IBM个人计算机开发的操作系统，现已不适应当今计算机的复杂功能和应用需求，已被Windows系统取代。

2. UNIX系统

UNIX系统主要以方便、灵活、高扩展性和移植性获得多数用户的青睐，UNIX系统还支持不同处理器的架构以方便UNIX在服务系统上的应用移植，使得它在服务器系统上占有非常重要的地位。

3. Linux系统

Linux系统经历数年的发展逐渐成为服务器上主流的操作系统，主要提供很好的兼容性、多任务操作以及开源备受大家喜欢。

4. iOS系统和Android系统

iOS系统和Android系统是现在主流的移动设备操作系统。iOS系统是非开源操作系统，Android系统是开源操作系统，Android系统因技术开放成为使用最广泛的移动设备操作系统。

5. Windows系统

Windows系统是由微软公司开发的基于图形化的视窗操作系统，与DOS系统、UNIX系统、Linux系统相比，人机交互性更易用、更易懂、更易操作。Windows系统的发展过程如表6.1所示。

表 6.1 Windows 系统的发展

年 份	版 本	特 征
1983 年 11 月	Windows 1.0	最低内存 256KB,两个双面软盘驱动器以及一个图形适配器卡,推荐配置是 512KB 内存和硬盘驱动器
1987 年 12 月	Windows 2.0	与 Windows 1.0 相比有明显提升,不仅可以平铺窗口,还可以让窗口叠加。引入了控制面板,一直延续至今。随后推出 Windows 3.0,拥有更智能的内存管理,支持 DOS 程序,还引入了纸牌游戏
1992 年 4 月	Windows 3.1	比 Windows 3.0 更稳定、引入 Ctrl—Alt—Del 启动功能、支持网络和其他企业应用功能
1993 年 7 月	Windows NT	32 位操作系统、补充 MS DOS 的消费者版本 Windows
1995 年 8 月	Windows 95	引入了开始按钮、任务栏、通知、Windows 资源管理器、微软第一款网络浏览器 IE 和拨号网络
1998 年 6 月	Windows 98	增加了对 USB 和 DVD 的支持,进行了诸多改进,如更高效的文件系统,更好的媒体处理功能等
2000 年 2 月	Windows 2000	商业环境的图形化操作系统、针对 32 位 Intel x86 计算机而设计的
2000 年 9 月	Windows ME	漏洞多、速度慢、不稳定,被淘汰
2001 年 10 月	Windows XP	世界上使用人数最多的操作系统,处于领先地位 11 年
2007 年 1 月	Windows Vista	存在严重的兼容问题
2009 年 10 月	Windows 7	增加更多设备支持,提升了性能
2012 年 10 月	Windows 8	过渡版本
2015 年年底	Windows 10	是一款覆盖包括手机、平板电脑、笔记本电脑、台式机以及 Xbox One 游戏机的全平台操作系统,截至 2019 年 11 月 18 日,Windows 10 正式版已更新到 10.0.18363 版本

学习情境 3 掌握操作系统安装

1. BIOS 设置

首先准备好 U 盘启动安装盘,并在 BIOS 中设置 U 盘启动,各种品牌计算机 BIOS 的启动和设置有差异,本学习情境以联想 B460 为例进行操作系统的安装演示。

将制准备的 U 盘启动插入计算机,然后重启计算机,同时按 F12 或 F2 键,启动界面如图 6.2 所示。

图 6.2 BIOS 启动

在 BIOS 中使用键盘的左、右键选中 Configuration 项,并使用上、下键选中 USB Legacy 项,把 USB Legacy 项的值设置为 Enabled,如图 6.3 所示。

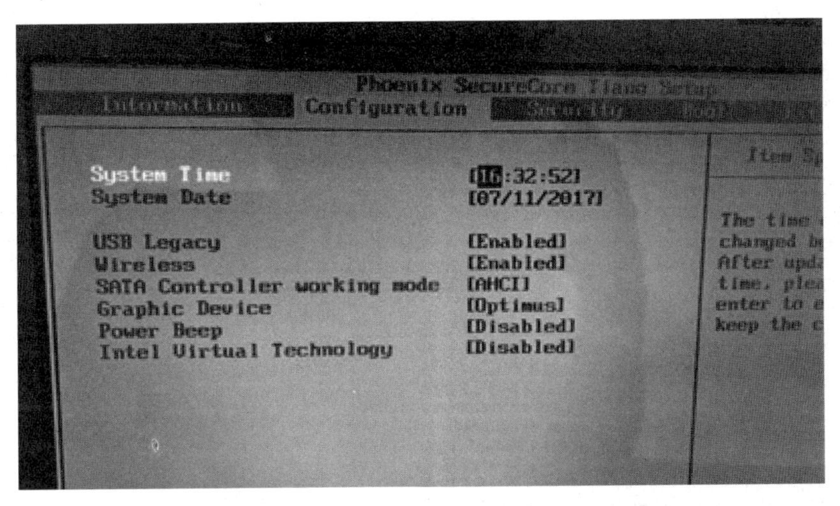

图 6.3 Configuration 设置

然后使用键盘的左、右键选中 Boot 项，并将 UEFI Boot 的值修改为 Disabled，通过按 F5(向上)或 F6(向下)键调整 Boot Priority Order 的顺序，把 USB HDD 对应的 U 盘调整为优先启动，如图 6.4 所示。

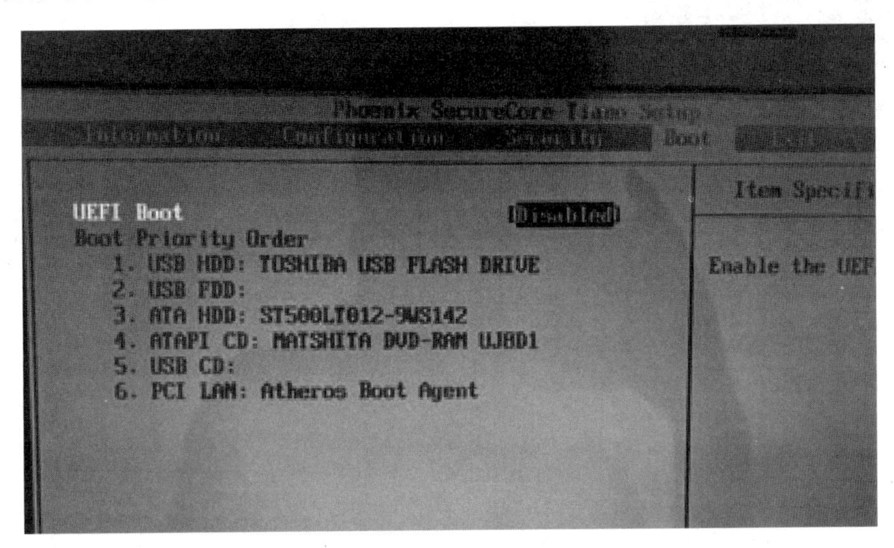

图 6.4 优先启动设置

2. 操作系统安装

(1) 启动 U 盘，运行 win10 PE 系统。

(2) 进入 PE 系统桌面后，单击“DiskGenius 分区工具”或者单击分区工具进行分区，然后选中分区的磁盘，单击“快速分区”选项。

根据需求设置分区数目，然后单击“确定”按钮完成操作，也可以进行手动分区。快速分区如图 6.5 所示，磁盘分区设置如图 6.6 所示。

(3) 打开桌面上一键装机工具，并添加准备好的镜像文件路径，一般都会默认到启动盘的 GHO 文件夹路径，也可以手动添加镜像文件所在的其他路径，选中活动盘符——C 盘作为系统安装盘，然后单击“确定”按钮即可，如图 6.7 和图 6.8 所示。

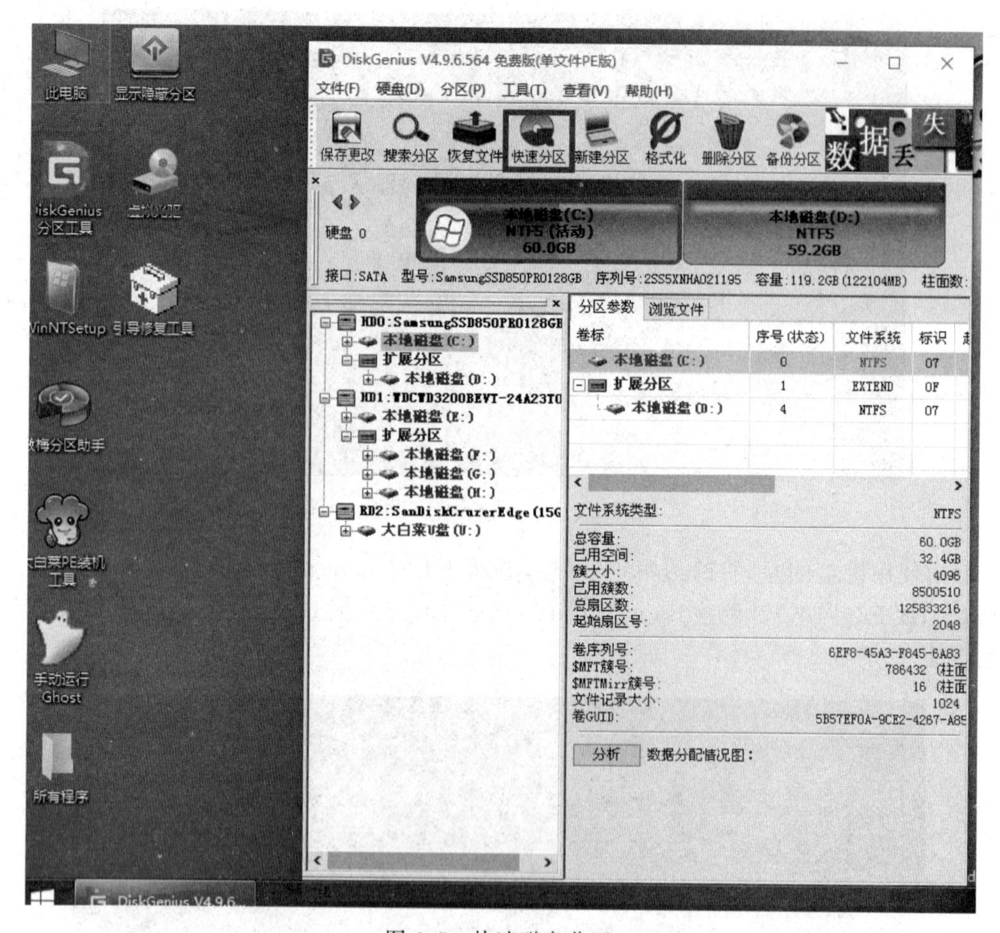

图 6.5 快速磁盘分区

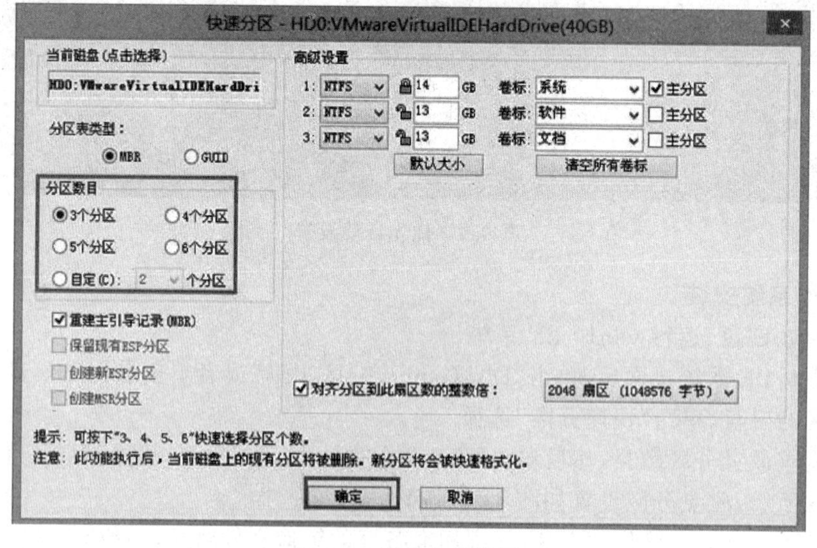

图 6.6 磁盘分区设置

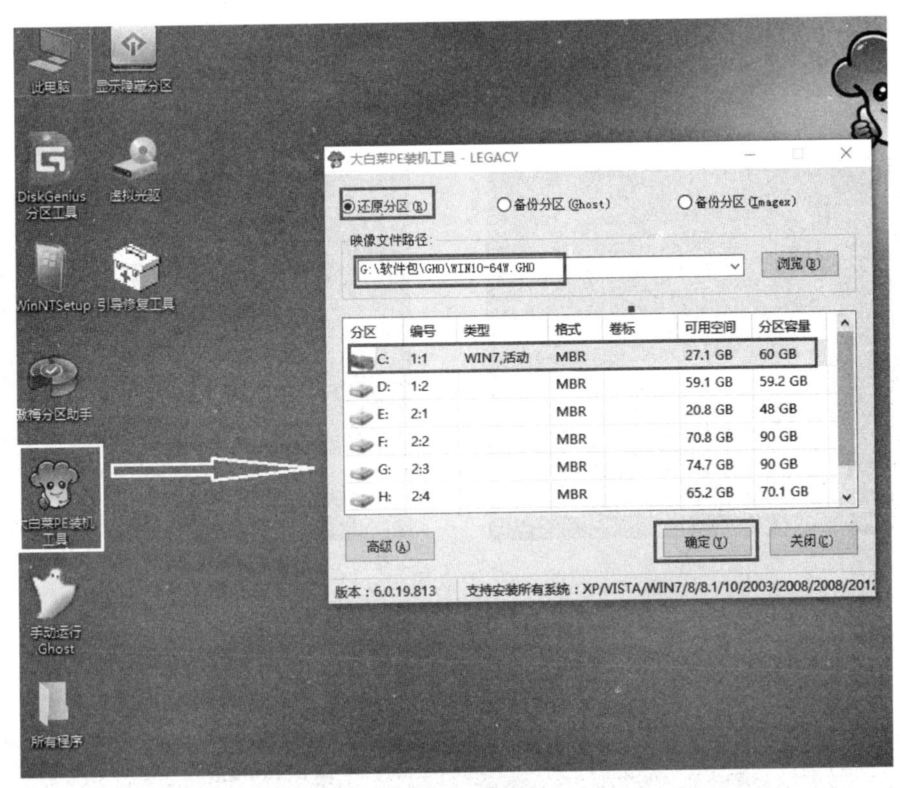

图 6.7　系统安装设置

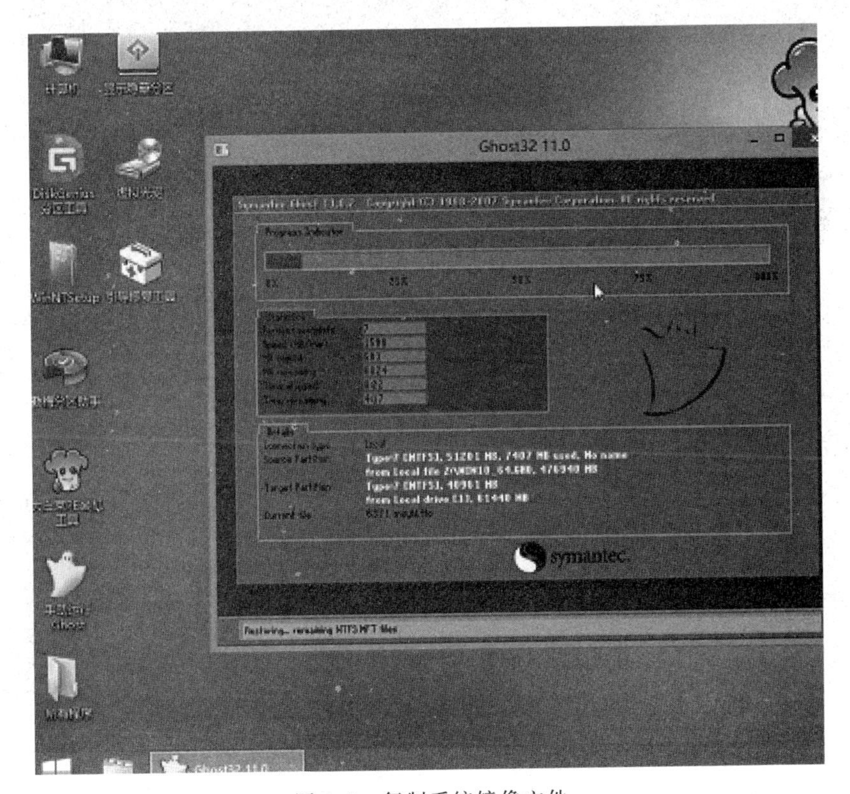

图 6.8　复制系统镜像文件

(4) 完成上述操作后,PE 系统释放镜像文件,然后进入计算机重启倒计时(10s),重启后拔出 U 盘启动盘。重启后计算机进入自动安装程序过程,只需等待安装完成即可,如图 6.9 所示。

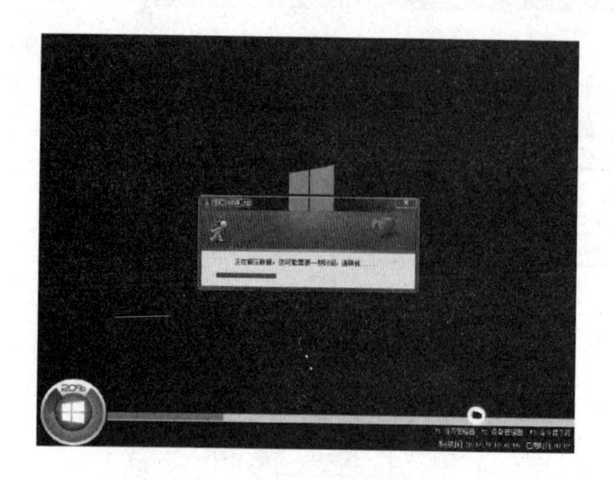

图 6.9 自动安装过程

(5) 计算机重启后将进入系统安装的剩余部分,主要是系统的设置和驱动安装等,等待安装完成即可。完成之后进入 Windows 10 系统界面,如图 6.10 所示。

图 6.10 安装完成

任务2 掌握驱动程序的安装方法

学习情境1 了解驱动程序

驱动程序是操作系统和硬件设备之间进行通信的专用程序，是应用软件和硬件沟通的重要渠道。例如，主板驱动程序可以使操作系统更好的协调和利用中央处理器，充分发挥硬件的性能。安装驱动程序时，首先安装主板驱动程序，再安装显卡、声卡、网卡等驱动程序，最后安装打印机、扫描机等外设设备的驱动程序。

学习情境2 掌握驱动程序安装

1. 系统自带驱动的安装

一般情况，绝大多数的系统会自带一些系统启动应用必需的驱动程序，在系统安装时会同时安装这些驱动，安装完成后就可以直接使用，另外后续的使用中还会安装特殊驱动或更新驱动。系统自带驱动的安装如图6.11所示。

图6.11 系统自带驱动的安装

2. 直接下载安装驱动

可以在计算机对应品牌的官方网站下载对应本机型号的驱动程序，下面以联想笔记本电脑为例，从联想官方网站下载和安装适于本机硬件的驱动程序。

(1) 在联想官方网站上找到对应的型号,选择好对应的操作系统,如图 6.12 所示。

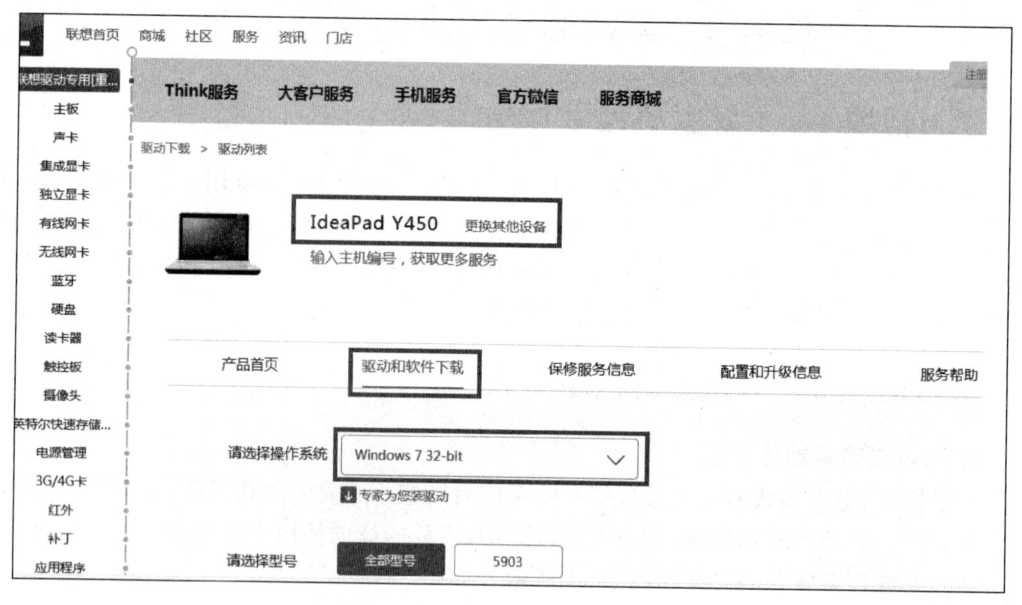

图 6.12 对应型号驱动的下载

(2) 下载安装对应本机的驱动版本,如主板芯片组驱动、集成显卡驱动、声卡驱动程序、有线网卡驱动和无线网卡驱动等,如图 6.13 所示。

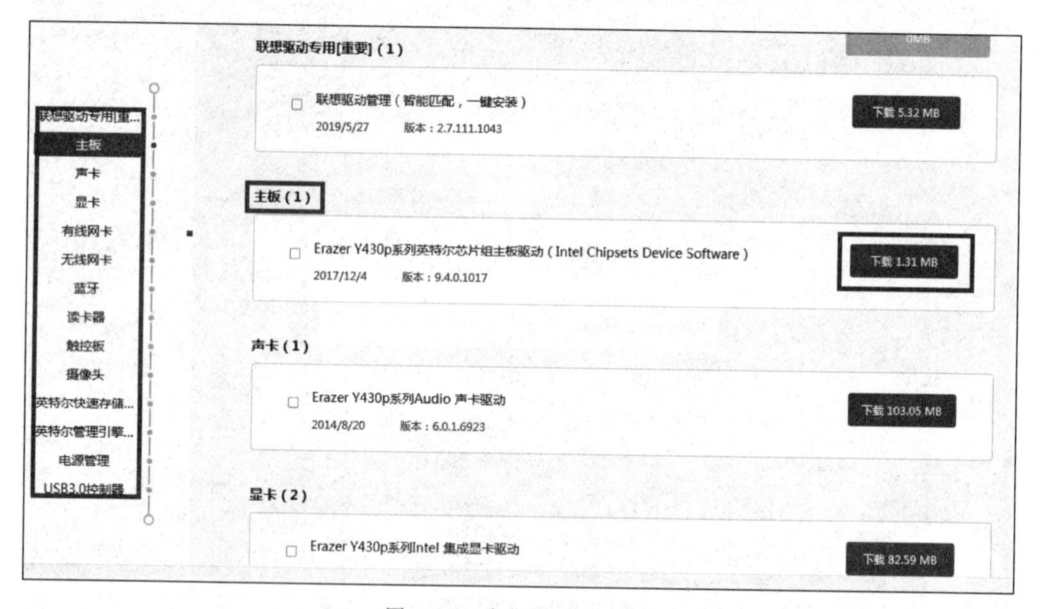

图 6.13 主板驱动的下载

(3) 双击下载的主板驱动,单击“运行”按钮,再单击“安装”按钮,等待解压完成后,单击“下一步”按钮继续安装,如图 6.14 所示。

继续安装,单击“下一步”按钮,接受安装协议,直到安装完成,如图 6.15 所示。安装完成后重启计算机,有的驱动程序必须重启计算机后才能正常运行。

图 6.14 开始安装主板驱动

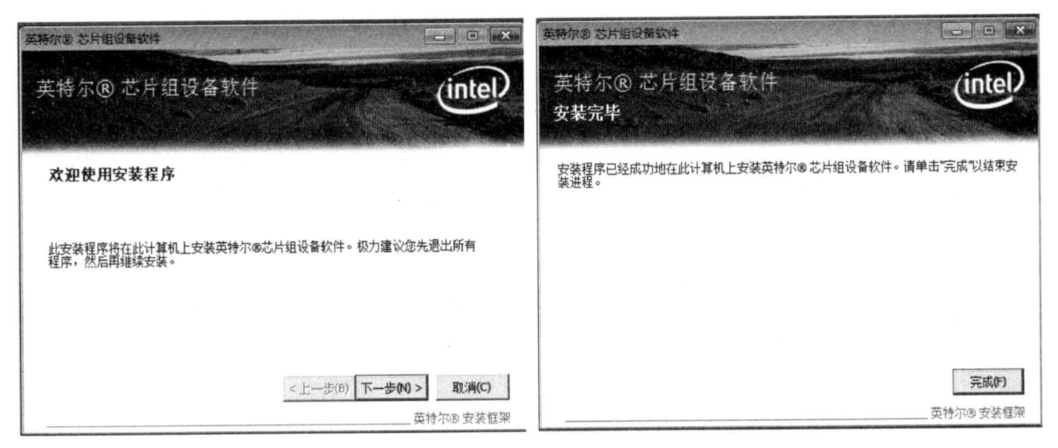

图 6.15 完成主板驱动安装

任务3 掌握应用软件的安装方法

现在应用软件一般都不提供安装光盘，直接在网上下载安装即可。

以安装 Office 2013 为例，先下载一个 Office_Professional_Plus_2013 文件包并将它解压，如图 6.16 所示。

图 6.16 Office 2013 解压文件

打开文件包，双击 setup.exe 开始安装，然后单击“立即安装”按钮，使用默认安装路径，也可以选择“自定义安装”修改安装路径，然后等待安装完成，如图 6.17 所示。

安装结束，单击“关闭”按钮，安装成功，如图 6.18 所示。

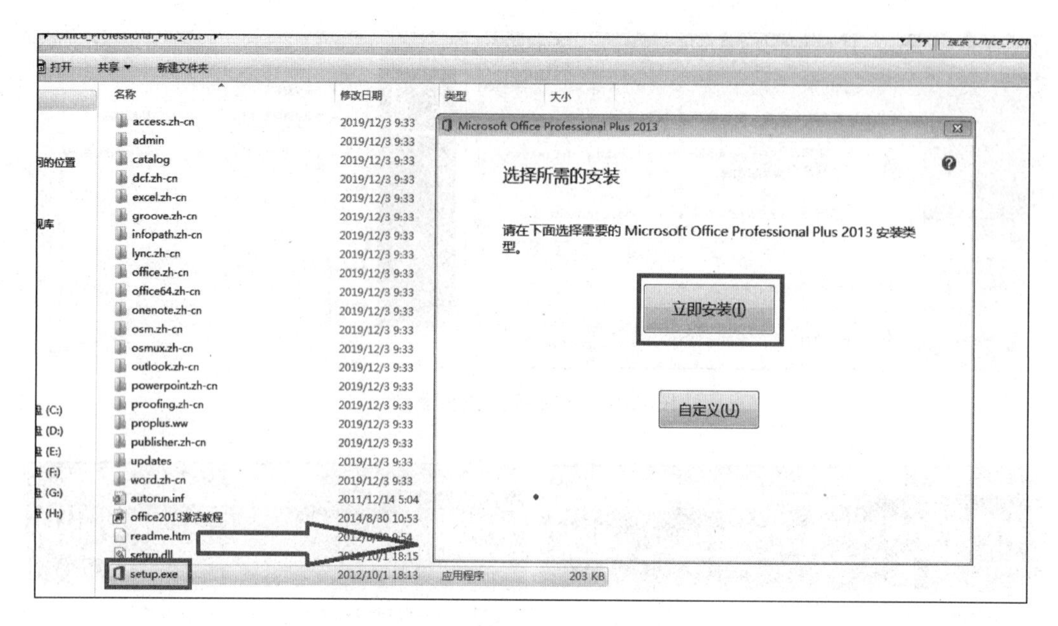

图 6.17　Office 2013 安装

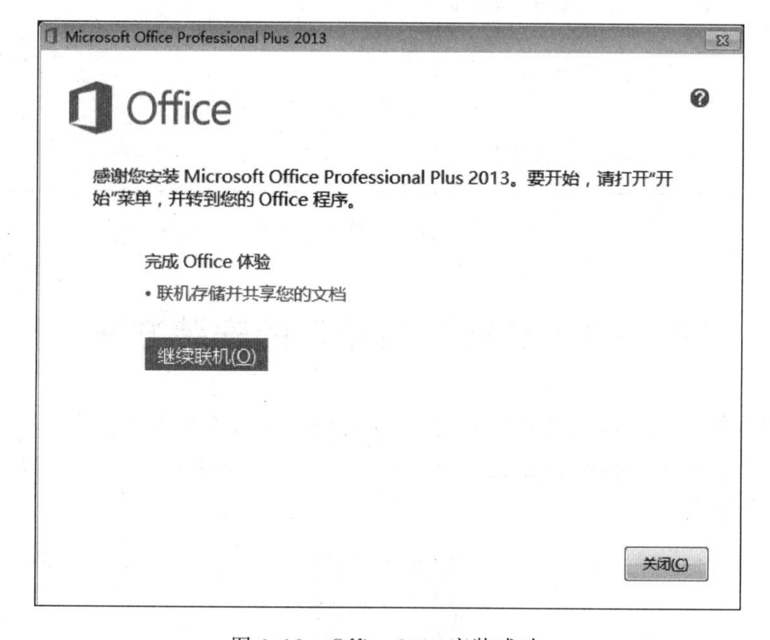

图 6.18　Office 2013 安装成功

一、选择题

1. 下列不属于计算机常用操作系统的是(　　)。

A. Mysql　　B. Windows

C. Unix　　D. Linux

2. 下列系统没有多道程序设计特点的是(　　)。

A. DOS　　B. Android　　C. Windows　　D. Office 2013

二、简述题

请分析操作系统与应用软件的区别。

拓展任务

上网查阅资料，自己动手做一张 Windows 10 操作系统的安装 U 盘。

计算机名人故事

比尔·盖茨(Bill Gates)(见图 6.19)，出生于 1955 年 10 月 28 日，是美国微软公司联合创始人。1975 年还在上大学的他就撰写了人生的第一部编程语言——Basic 语言，1976 年年底，他和好友艾伦注册了微软公司，1980 年与 IBM 公司签订 PC 机操作系统开发协议，从 DOS 系统开始，形成了我们熟知的"Windows 操作系统"，如 Windows 98、Windows 2000、Windows 7、Windows 10 等。后来在他所著的《未来之路》《数字神经系统》书中对计算机的发展和对人类生活的影响进行了前瞻性的阐释。

图 6.19　微软联合创始人：比尔·盖茨

项目 7

常用工具软件使用

任务导入

计算机常用工具软件是为了扩展功能、系统维护和优化,有针对性开发的软件。

主要内容及目标

(1) 掌握系统测试工具的使用。

(2) 掌握系统克隆工具的使用。

(3) 掌握文件压缩工具的使用。

(4) 掌握系统优化工具的使用。

任务1　掌握系统测试工具的使用

学习情境1　掌握 AIDA64 软件安装

AIDA64 中文版是一个测试软硬件系统信息的硬件检测工具。先下载 AIDA64 安装程序,下载完成后运行安装程序,按步骤进行安装,如图 7.1～图 7.4 所示。

学习情境2　掌握 AIDA64 软件使用

(1) 打开 AIDA64 Extreme 软件,如图 7.5 所示。

(2) 选择"文件"→"设置",打开"设置-AIDA"对话框,在该对话框中可以对 AIDA 软件显示的信息等参数进行相应的设置(也可以选择默认),如图 7.6 所示。

图 7.1　安装向导

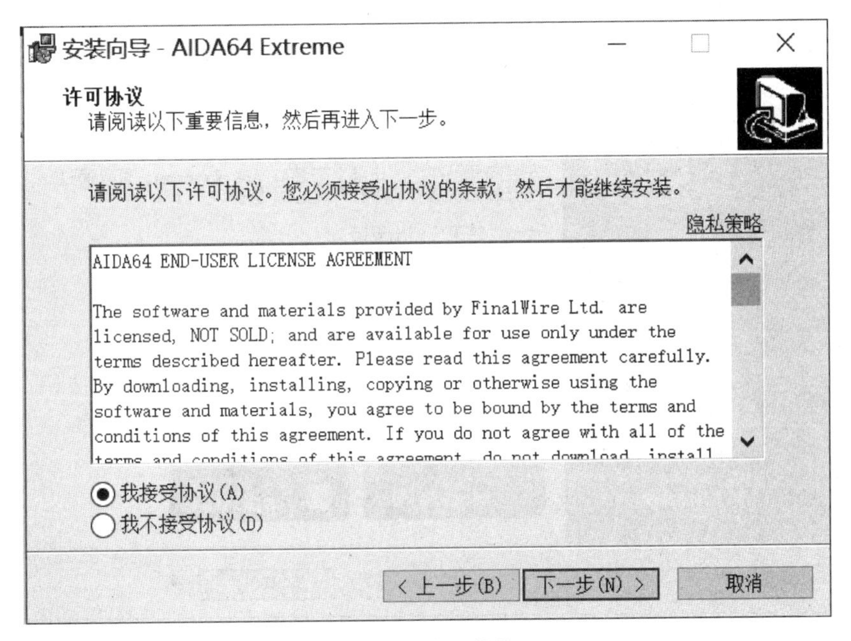

图 7.2　许可协议

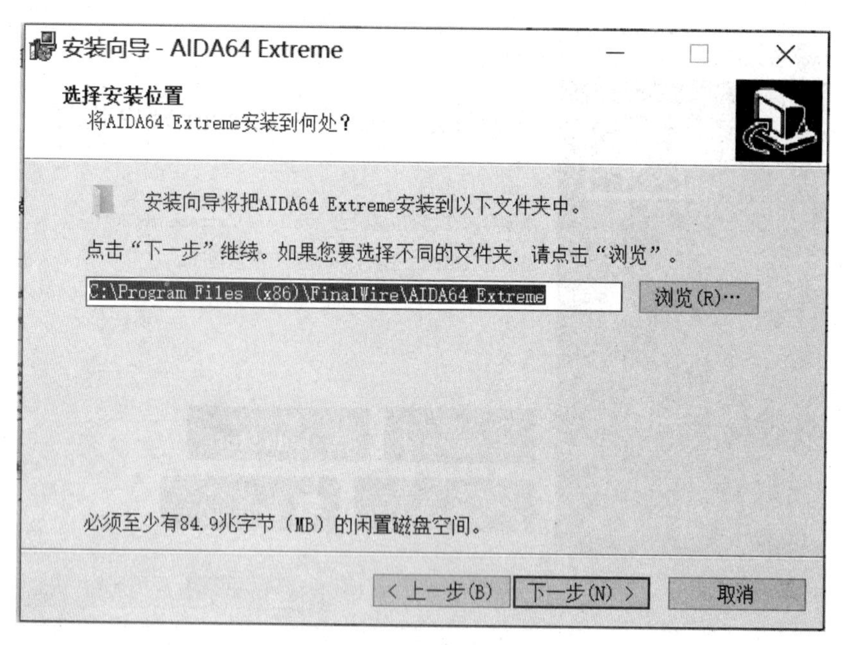

图 7.3　选择安装位置

图 7.4　完成安装

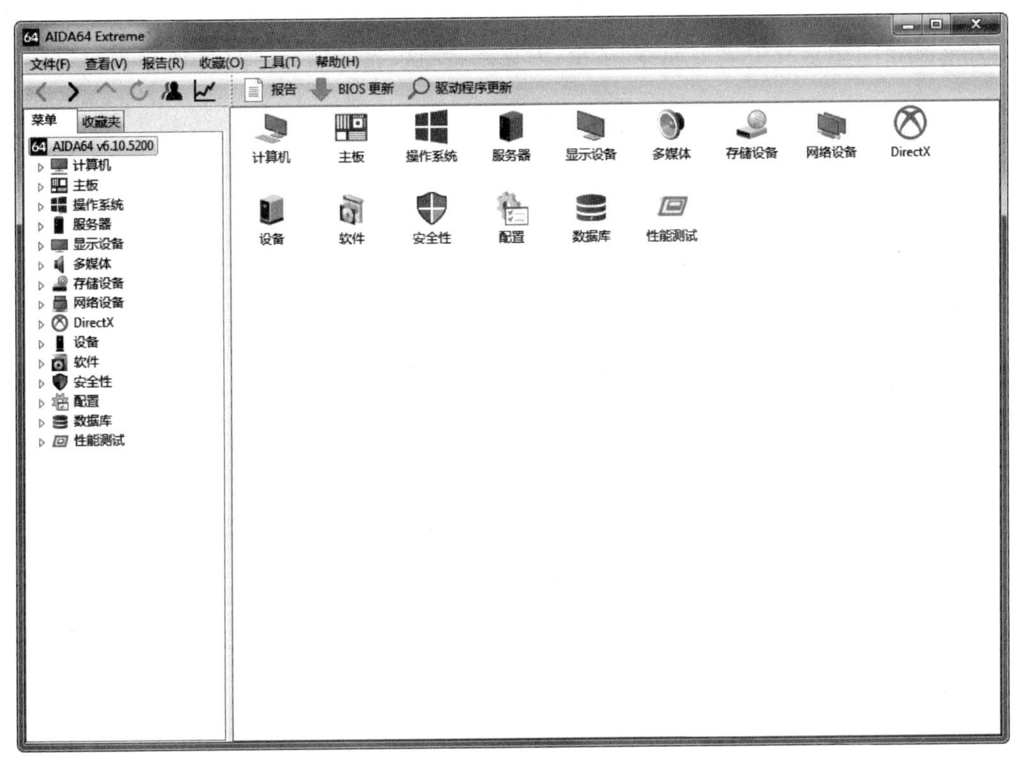

图 7.5 AIDA64 主界面

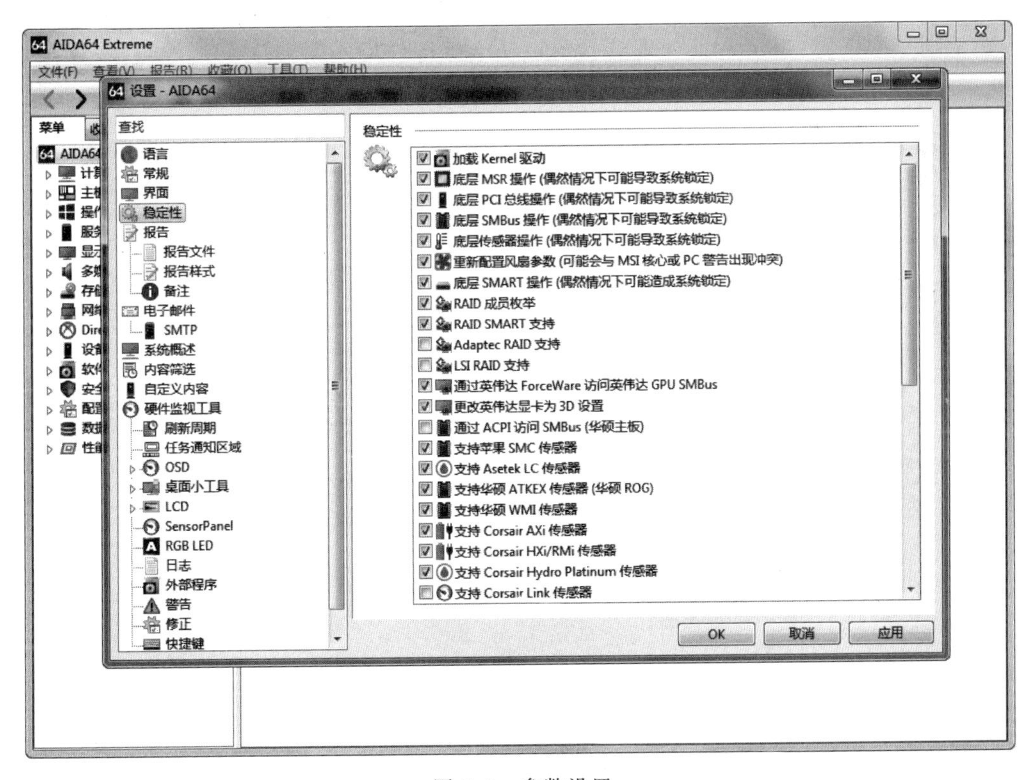

图 7.6 参数设置

(3) 查看计算机配置信息。在主界面的左侧窗口中,选择“计算机”→“系统概述”选项,可以在右侧窗口中查看中央处理器、主板、内存条、硬盘、显卡等部件的参数,如图 7.7 所示。

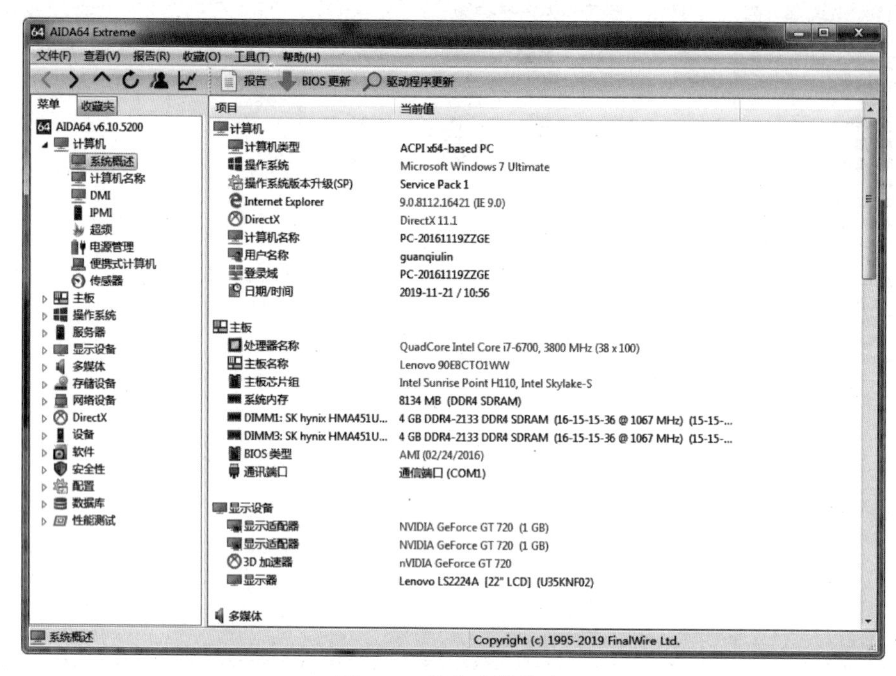

图 7.7 基本参数信息

(4) 查看计算机部件温度数据。在主界面左侧窗口中,选择“计算机”→“传感器”选项,可以在右侧窗口中查看主板、中央处理器、硬盘、显卡等部件的实时温度及其他数据,如图 7.8 所示。

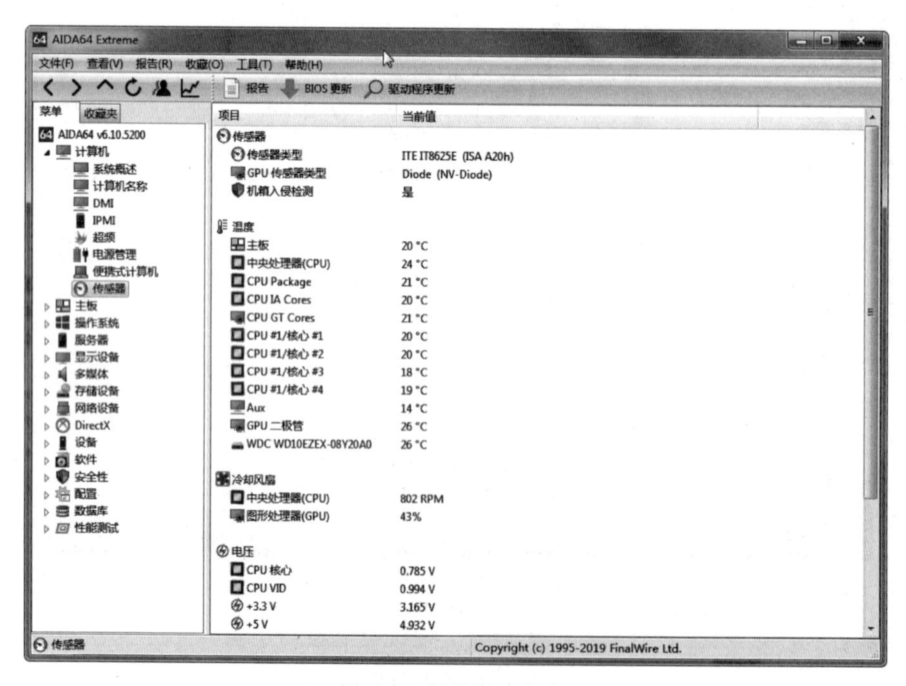

图 7.8 部件温度信息

(5) 查看 CPU 详细信息。在主界面左侧窗口中,选择“主板”→“中央处理器(CPU)”选项,可以在右侧窗口中查看中央处理器(CPU)的名称、型号、缓存大小、工作频率、制造工艺等信息,如图 7.9 所示。

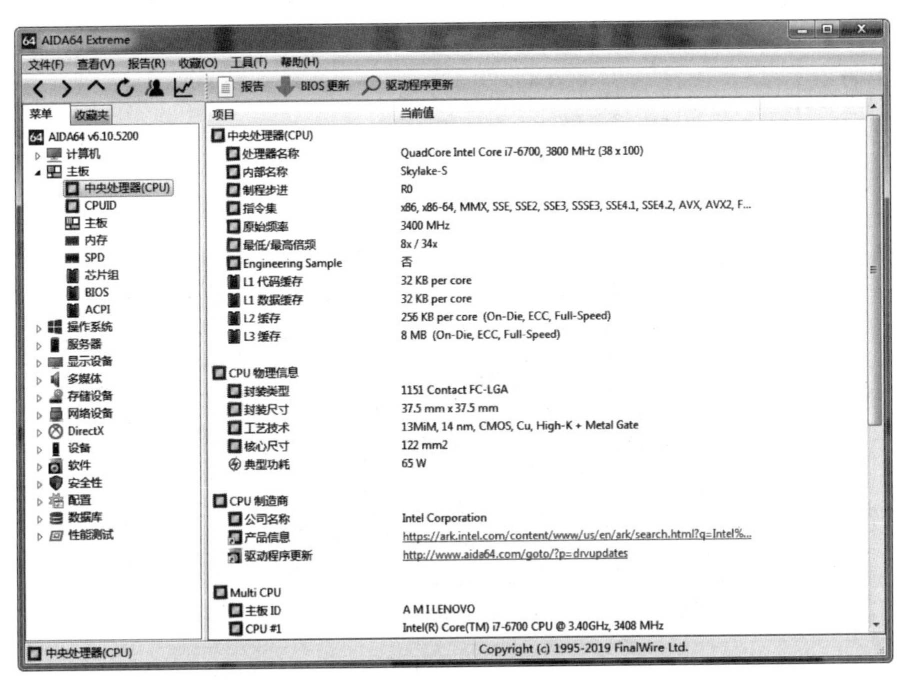

图 7.9　中央处理器(CPU)详细信息

(6) 查看硬盘详细信息。在主界面的左侧窗口中,选择“存储设备”→ATA 选项,可以在右侧窗口中看到硬盘厂家型号、容量、转速、接口等信息,如图 7.10 所示。

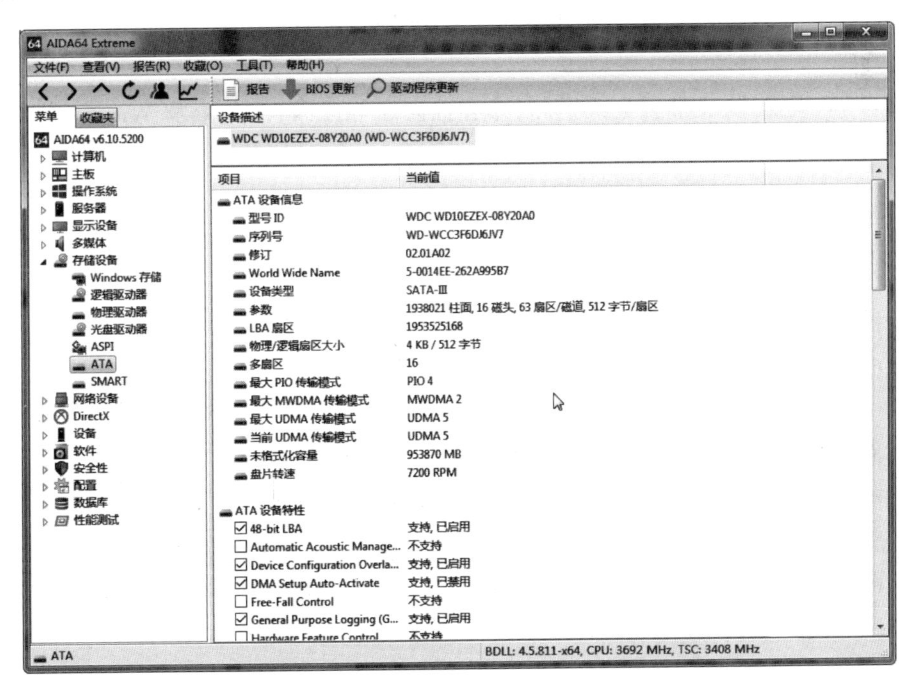

图 7.10　硬盘详细信息

（7）系统稳定性测试。在主界面中选择“工具”菜单→“系统稳定性测试”选项，打开测试界面，如图7.11所示，可以测试整型、浮点型、缓存、内存、硬盘、显卡GPU等项目，选择要测试的项目后，单击Start按钮开始测试，单击Stop按钮停止测试。

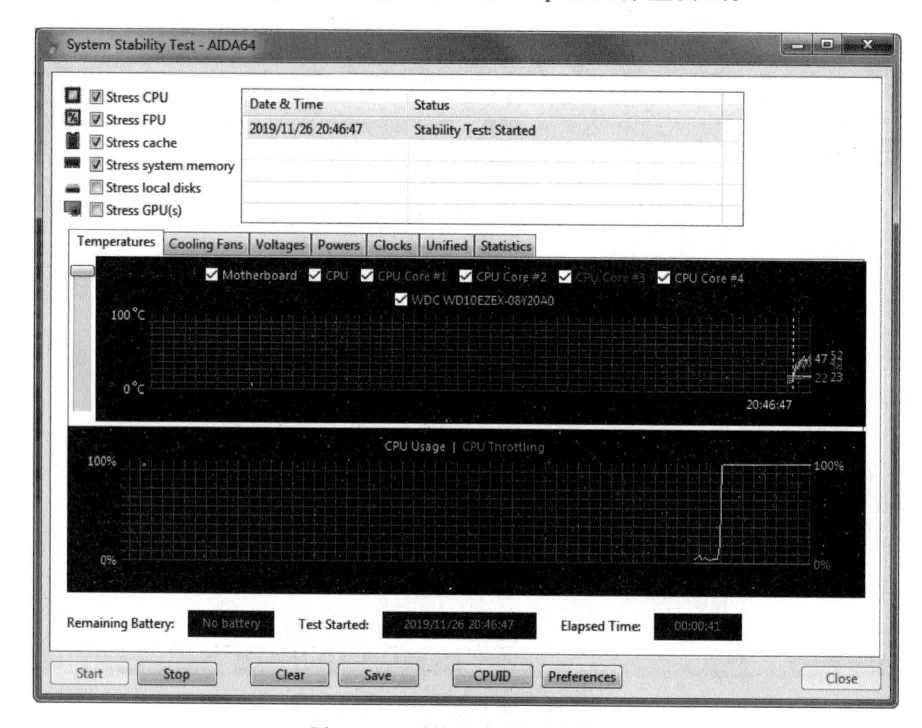

图7.11 系统稳定性测试信息

任务2 掌握系统克隆工具的使用

病毒破坏、误操作、文件丢失或损坏、兼容性问题等原因，都会影响Windows系统的稳定性，重新安装系统比较耗时间，做好系统的备份，必要时恢复系统可以节省时间，提高效率。

学习情境1 掌握系统备份方法

（1）打开“一键还原”软件，进入“一键备份系统”界面，如图7.12所示，选择备份点名称，选择保存位置或使用默认设置，单击“一键备份”按钮。

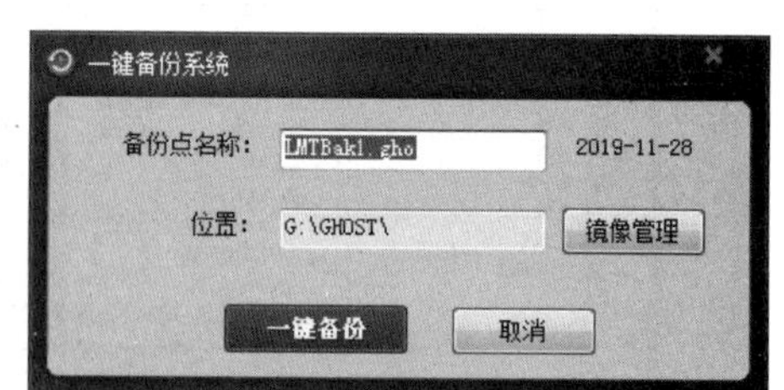

图7.12 一键备份系统界面

（2）弹出“程序准备就绪，是否马上重新启动计算机进行备份?”提示信息，如图7.13所示，单击“是”按钮，重启计算机。

（3）重启计算机后，自动进入Ghost界面进行备份，如图7.14所示，系统备份完成后会重启计算机。

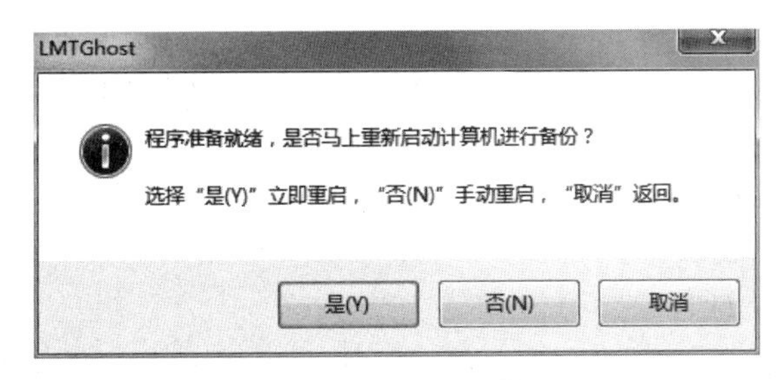

图 7.13　备份提示信息

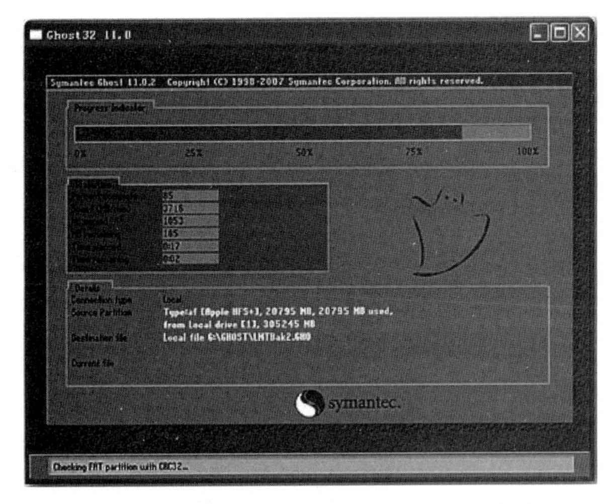

图 7.14　备份系统界面

学习情境 2　掌握系统还原方法

(1) 打开"一键还原"软件，注意要在还原系统操作前备份系统盘(C 盘)中重要的资料，否则系统还原后原来的数据将会丢失。

双击"一键还原系统"功能，打开"一键还原系统"界面，如图 7.15 所示，选择好备份点，单击"一键备份"按钮。

(2) 弹出"程序准备就绪，是否马上重新启动计算机进行还原?"提示信息，如图 7.16 所示，单击"是"按钮，重启计算机后，自动进入 Ghost 界面自动恢复系统到指定备份点的状态。

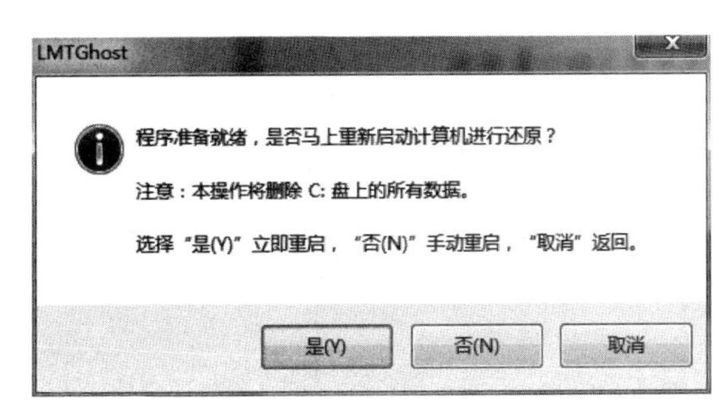

图 7.15　还原提示信息

图 7.16　一键还原系统界面

任务3 掌握文件压缩工具的使用

学习情境1 掌握 WinRAR 安装方法

(1) 下载 WinRAR 软件安装包。

(2) 安装 WinRAR 软件,如图 7.17 所示为 WinRAR 安装界面,单击"浏览"按钮选择安装路径完成 WinRAR 软件的安装,如图 7.18 所示。

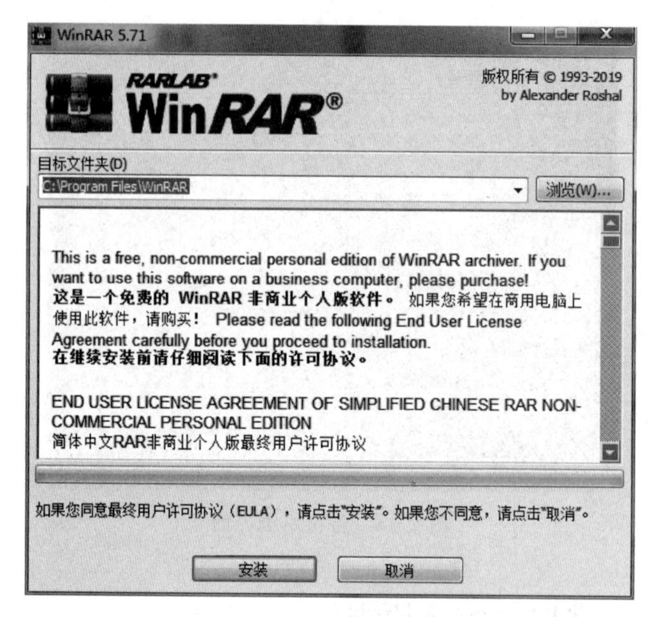

图 7.17 WinRAR 安装界面

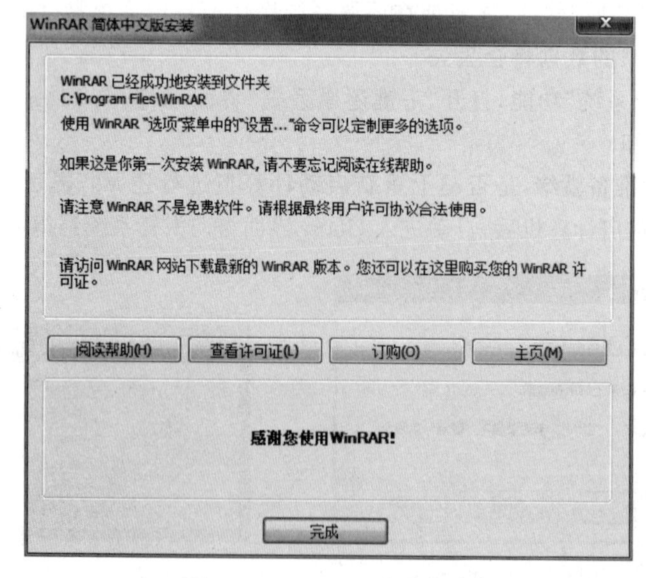

图 7.18 WinRAR 安装完成

学习情境2　掌握 WinRAR 的使用方法

1. 压缩文件

(1) 选择需要压缩的文件或文件夹，右击选中的对象，在弹出的快捷菜单中选择“添加到压缩文件”命令，如图 7.19 所示。

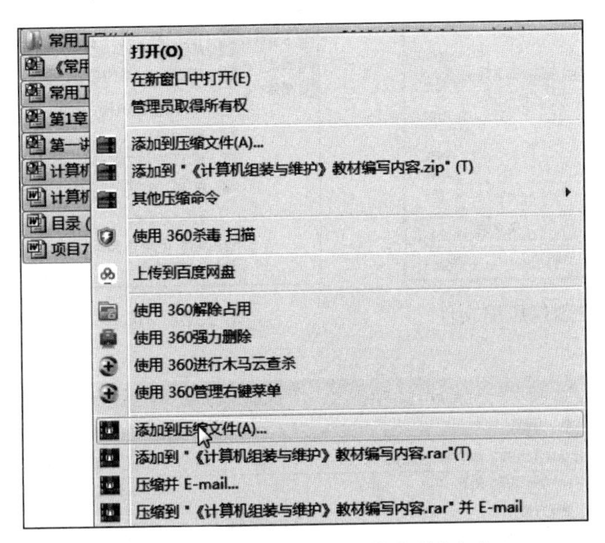

图 7.19　选择“添加到压缩文件”命令

(2) 打开“压缩文件名和参数”对话框，如图 7.20 所示，在“常规”选项卡中设置压缩信息。

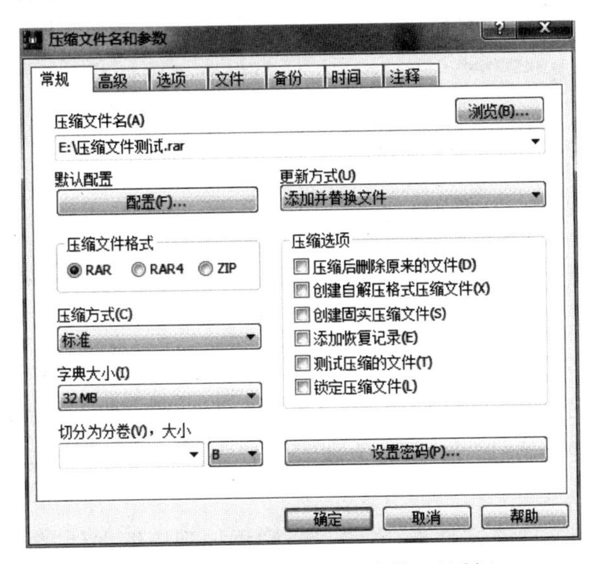

图 7.20　“压缩文件名和参数”对话框

(3) 压缩信息设置完成后，单击“确定”按钮，弹出“正在创建压缩文件”对话框，如图 7.21 所示，等待压缩完成。

2. 解压缩文件

(1) 方法一：右击要解压的压缩文件，选择“解压文件”命令，如图 7.22 所示，打开“解压路径和选项”对话框，如图 7.23 所示，在“常规”选项卡中设置“目标路径”“更新方式”和“覆盖方式”，设置完成后，单击“确定”按钮解压文件。

图 7.21 正在创建压缩文件

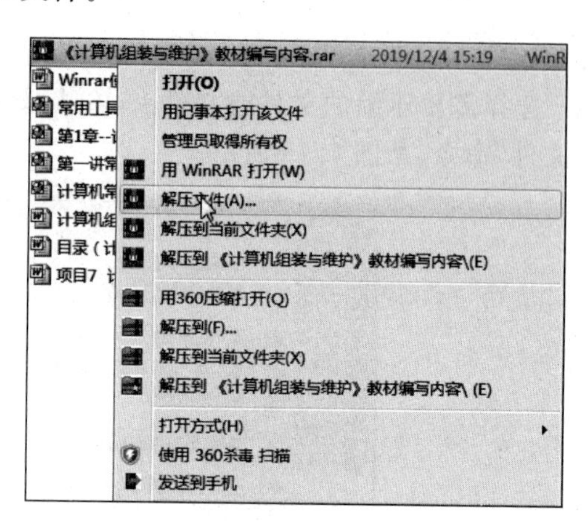

图 7.22 选择“解压文件”命令

图 7.23 “解压路径和选项”对话框

(2) 方法二：双击要解压的压缩文件，打开 WinRAR 软件，如图 7.24 所示，显示压缩文件中所包含的文件，单击“解压到”按钮，打开“请选择要添加的文件”对话框，如图 7.25 所示，设置“目标路径”“更新方式”和“覆盖方式”，设置完成后，单击“确定”按钮解压文件。

3. 设置解压密码

(1) 选择需压缩的文件或文件夹，右击，选择“添加到压缩文件”命令。

(2) 打开“压缩文件名和参数”对话框，在“常规”选项卡中，单击“浏览”按钮，选择压缩文件，单击“设置密码”按钮。

(3) 打开“输入密码”对话框，如图 7.26 所示，在“输入密码”框中设置解压密码，单击“确定”按钮。

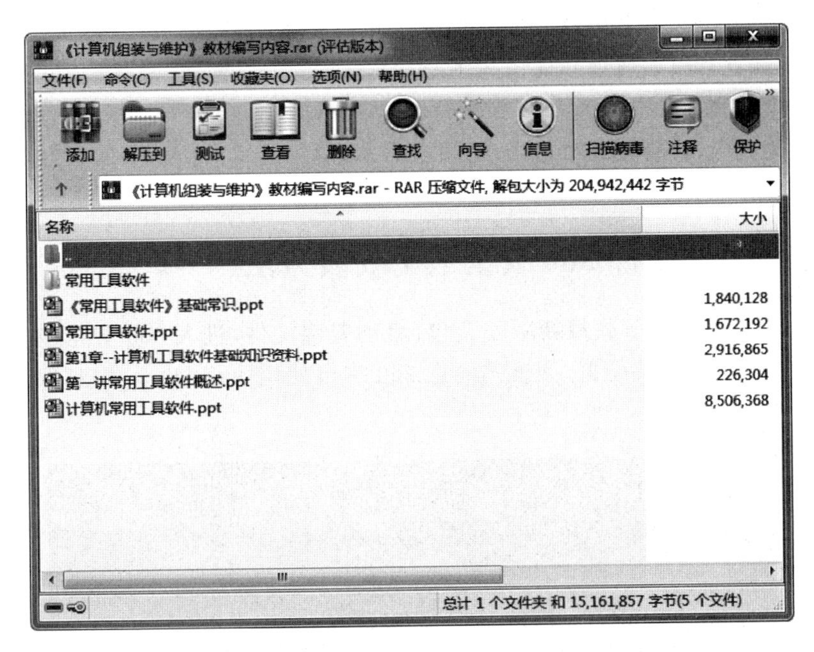

图 7.24　WinRAR 主界面

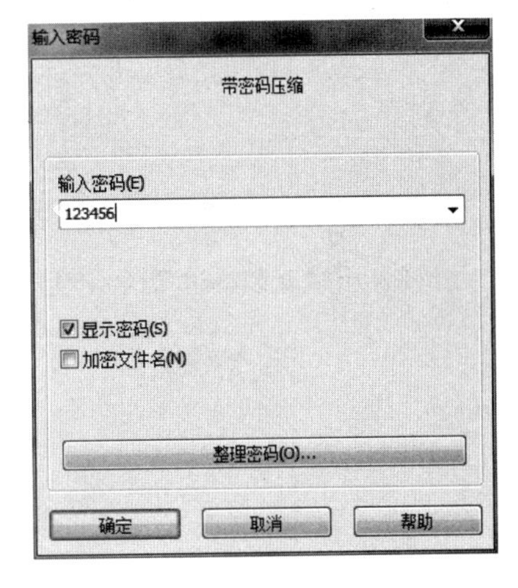

图 7.25　添加需压缩的文件

图 7.26　“输入密码”对话框

(4) 返回“压缩文件名和参数”对话框，单击“确定”按钮，创建带有密码的压缩文件。

任务 4　掌握系统优化工具的使用

计算机在使用的过程中，经常会进行上网冲浪、接收电子邮件、下载软件、安装软件、卸载软件、备份文件等操作，这些操作都会在硬盘中产生垃圾文件。随着使用时间的增加导致计算机系统运行速度越来越慢，使工作效率降低。要想提升系统的运行速度，可以利用系统优化工具对系统进行垃圾清理和优化加速。

360 安全卫士是一款国内完全免费的安全防护软件，它融合了大数据、人工智能、云计算、物联网智能感知、区块链等新技术，集病毒查杀、修复系统、优化加速和垃圾清理等功能于一体。

学习情境 1　掌握 360 安全卫士安装方法

（1）在 360 官方网站下载最新版安装包，启动安装文件，进入 360 安全卫士安装界面，如图 7.27 所示。选择安装位置，阅读并同意 360 许可使用协议和 360 隐私保护说明，单击“同意并安装”按钮。

图 7.27　360 安全卫士安装界面

（2）开始安装 360 安全卫士，如图 7.28 所示。

图 7.28　360 安全卫士安装过程界面

(3) 安装完成后,打开“360 安全卫士”界面,如图 7.29 所示。

图 7.29 360 安全卫士界面

学习情境 2 掌握 360 安全卫士的使用方法

1. 计算机体检

计算机体检主要是对计算机进行故障检测、垃圾文件检测、安全检测、速度提升等,如计算机存在问题,单击“一键修复”按钮,如图 7.30 所示。

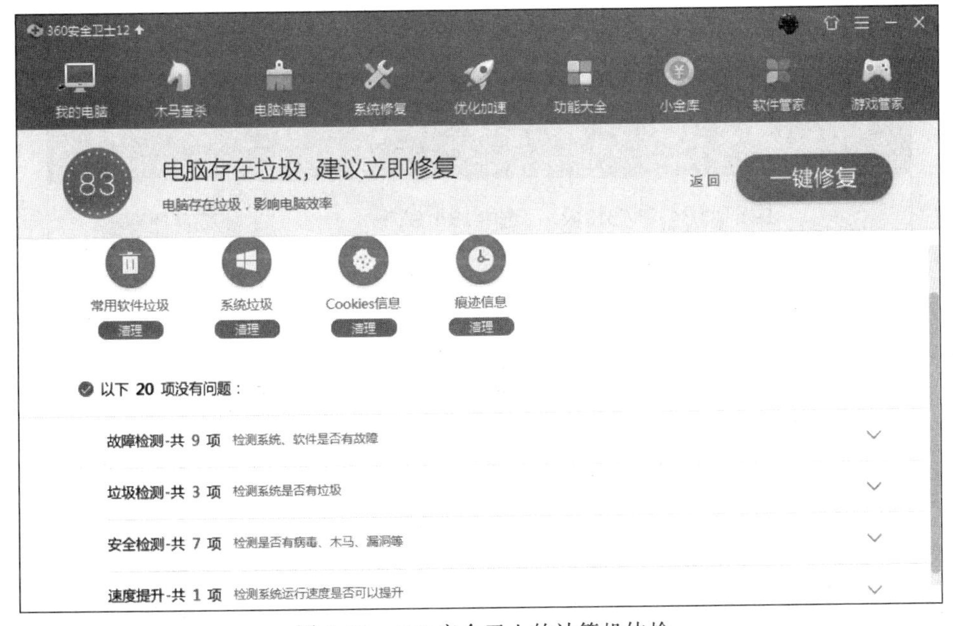

图 7.30 360 安全卫士的计算机体检

2. 木马查杀

在“360 安全卫士”界面中，选择“木马查杀”功能，单击“快速查杀”按钮，“360 安全卫士”开始对计算机进行扫描，等待扫描完成。如果存在危险项，单击“一键处理”按钮，成功处理危险项，如图 7.31 所示。

图 7.31 360 安全卫士的木马查杀

3. 计算机清理

计算机清理主要是对计算机进行垃圾、痕迹、注册表、插件、软件清理、Cookies 清理等。在“360 安全卫士”界面中，选择“电脑清理”功能，单击“全面清理”按钮，开始扫描，等待扫描完成。如果发现垃圾和插件痕迹，可以选择需要清理的文件，单击“一键清理”按钮，如图 7.32 所示。

图 7.32 360 安全卫士的计算机清理

4. 系统修复

在“360 安全卫士”界面中，选择“系统修复”功能，单击“全面修复”按钮，“360 安全卫士”开始对计算机进行扫描，等待扫描完成。如果发现潜在危险项，选择需要修复的选项，单击“一键修复”按钮，如图 7.33 所示。

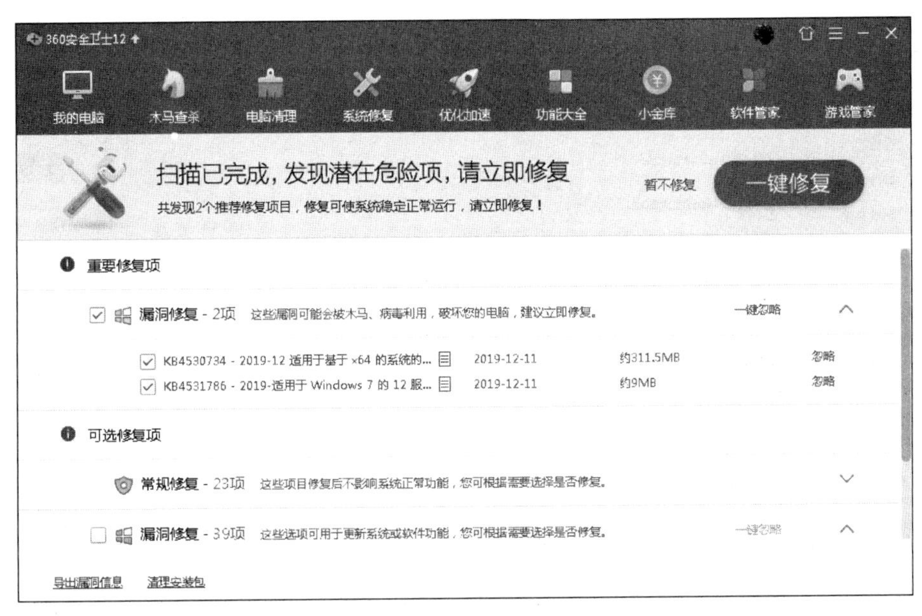

图 7.33　360 安全卫士的系统修复

5. 优化加速

在“360 安全卫士”界面中，选择“优化加速”功能，单击“全面加速”按钮等待扫描完成，如果发现需要优化项，单击“立即优化”按钮，如图 7.34 所示。

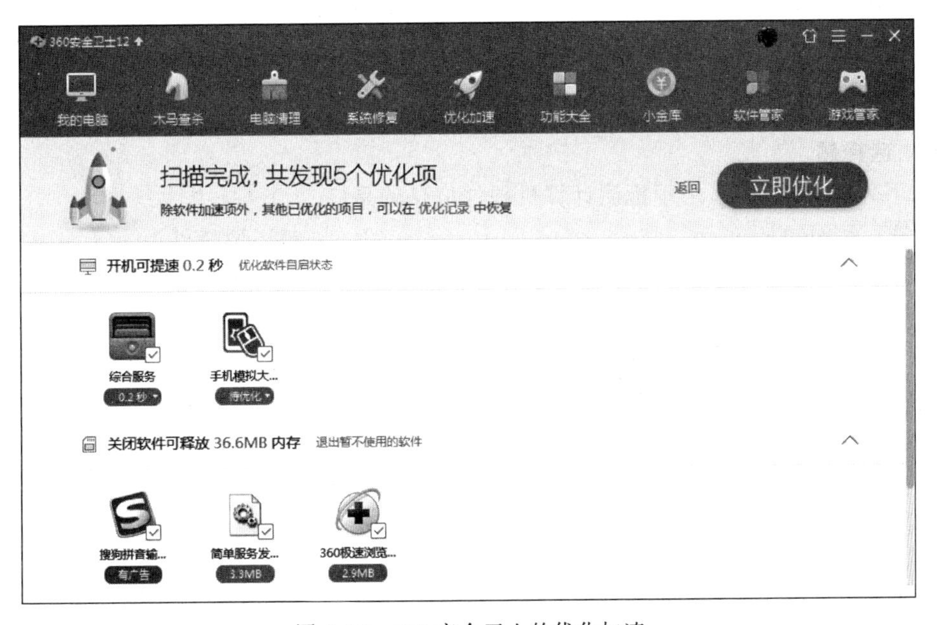

图 7.34　360 安全卫士的优化加速

6. 软件管家

360 软件管家是集软件下载、安装、购买、净化、升级、卸载于一体的管理工具。在“360 安全卫士”界面中，选择“软件管家”，进入“360 软件管家”界面，用户可进行软件下载、安装、注册购买、净化、升级、卸载等操作，如图 7.35 所示。

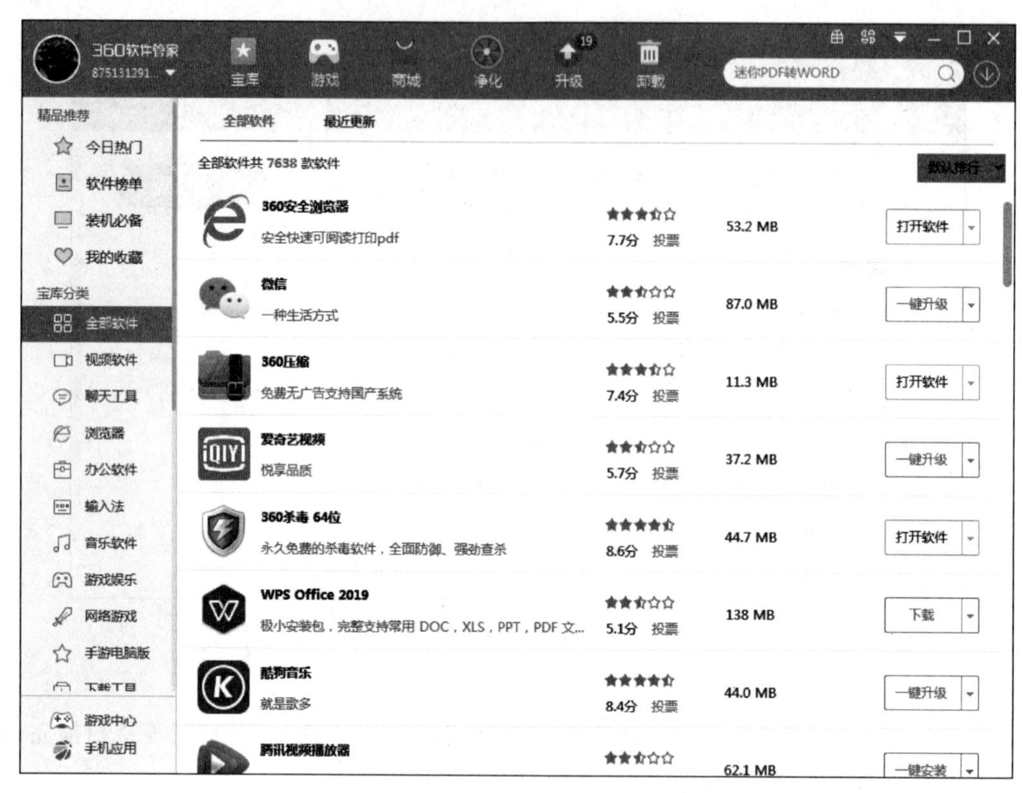

图 7.35 360 软件管家

一、选择题

1. 下列软件工具中，用于检测计算机硬件信息的是(　　)。

A. WinRAR　　B. 一键还原软件

C. AIDA64　　D. 360 安全卫士

2. WinRAR 压缩文件格式为(　　)。

A. BMP　　B. GIF　　C. RAR　　D. ZIP

3. 下列工具软件不具备查杀病毒功能的是(　　)。

A. WinRAR　　B. 360 安全卫士

C. 金山毒霸　　D. 卡巴斯基

二、填空题

1. 一键还原工具软件具有一键________和________功能。

2. 360 安全卫士是一款国内完全免费的________软件。

3. 360 软件管家是集软件________、安装、________、净化、升级、________一体的管理工具。

三、简答题

1. AIDA64 工具软件具有哪些主要功能？

2. 计算机运行一段时间后运行速度明显变慢，为什么？用什么方法可以提高运行速度？

拓展任务

利用“腾讯电脑管家”软件对自己的计算机进行全面体检、病毒查杀、垃圾清理、计算机加速、修复漏洞、软件安装与卸载等操作。

计算机名人故事

周鸿祎(见图 7.36)，出生于 1970 年 10 月 4 日，企业家，湖北黄冈人，毕业于西安交通大学，360 公司创始人、董事长兼首席执行官。他早年创办 3721 科技公司，被雅虎收购后，曾任雅虎中国总裁。2006 年创立奇虎 360，并带领公司在美国纽约证券交易所上市。

图 7.36　360 公司创始人：周鸿祎

项目 8

计算机硬件故障处理

任务导入

计算机在使用过程中，难免会现在各种各样的问题，想要尽快找到故障源并解决问题，需要掌握一定的计算机故障检测维修技能。

主要内容及目标

（1）掌握计算机硬件维修基础技能。

（2）掌握计算机硬件常见故障处理办法。

任务 1　掌握计算机硬件维修基础技能

导致计算机产生故障的原因很多，下面是导致计算机产生故障的主要硬件原因。

学习情境 1　理解计算机维修基础知识

1. 计算机硬件维修级别

计算机硬件维修级别分为板级维修、芯片级维修、电路级维修。

2. 计算机故障产生原因

（1）硬件上有接触故障、电源故障、部件老化、元器件损坏、灰尘、电磁辐射、人为损坏、兼容性不好等。

（2）软件上有病毒、黑客、系统漏洞、误操作（系统文件、用户数据）、软件兼容性等。

3. 计算机故障常用检修方法

1）清洁法

计算机长时间使用，内部难免会沉积灰尘或金手指氧化等，引起接触性故障，如主板、机箱电源、散热风扇等都容易沉积灰尘，灰尘太多影响接触、吸湿受潮使接插部位氧化，引起接触不良。一般使用吹风机、吹风球、清洁布、橡皮擦、酒精等清洁灰尘或金手指氧化膜等。

2）观察法

看：观察部件连接是否正确、到位，是否存在冒烟、烧焦等现象，风扇转动是否正常，是否有松动或脱落等现象。

听：听计算机是否有异响，如计算机启动时扬声器有声音提示，不同的提示音代表不同的含义。

摸：用手去感触 CPU、主板芯片组和显卡主芯片的温度是否偏高，或部件是否晃动等。

闻：闻烧焦的气味，是否出现短路故障。

3）插拔法

插拔法也叫重新安装法，如果怀疑是接触不良故障，可通过插拔法排除。如插拔后该部件故障依旧，则可能是该配件已损坏，如 CPU、内存条、硬盘、显卡等部件的故障诊断。

4）交换法

如果用插拔法不能解决，也可以通过交换法和其他正常使用计算机的配件交换测试，若故障解除则说明该部件存在问题。

5）对比法

采用相同的环境和设置，对比是否出现相同问题，从而判断出故障原因，如网络协议配置、硬件驱动程序、CMOS 参数设置、安全设置等。

6）测试法

测试法是利用硬件和软件工具检测故障源的方法。

学习情境 2 理解计算机硬件故障操作规范

1. 硬件故障检修注意事项

(1) 在原因不明的情况下要切断电源。

(2) 防止人体静电损坏部件。

(3) 在维修过程中禁止带电拔插，以防使计算机再次受损。

(4) 注意部件和设备安装连接的方向。

(5) 规范放置部件，轻拿轻放，插接部件时注意用力适度。

(6) 注意不要将螺丝刀、螺钉等遗留在机箱内，防止通电短路。

(7) 如果要改变设置，应在不熟悉的情况下做好记录，以便不能解决时可以恢复原态。

(8) 维修时注意高压部件，防止发生设备损坏和人身伤害事故。

2. 硬件故障的查找原则

1）先假后真

先假后真是指先检查计算机是否是因为断电、接触不好、接线不正确等原因导致的故障，并不是真正的设备或部件损坏，再去检查其他问题。

2）先外设后主机

检查故障时应从机箱外部的设备开始检查，即先看外部设备是否连接正常，然后再检查机箱内的部件，不能盲目拆卸机箱里的部件。

3）先软故障后硬故障

检查故障时先考虑是否是软件引起的故障，再考虑是否是硬件引起的故障。

4）先一般后特殊

先根据故障现象考虑最容易引起该故障的原因，若不能解决再考虑其他原因。

5）先简单后复杂

先检查最容易出现问题的部件，再检查不容易出现问题的部件。

任务 2　掌握计算机硬件常见故障处理办法

学习情境 1　掌握主板常见故障处理方法

1. 主板不启动，开机无显示，无报警声

1）CPU 问题

CPU 与插座接触不良，重新安装 CPU，仔细观察是否有变形的插针。还要检查是不是因为 CPU 风扇工作不正常，此类问题需重新安装散热风扇或重涂导热硅脂。

2）主板插槽问题

主板插槽有问题导致插上显卡、声卡等扩展卡后，主板无反应，开机无显示。

3）内存条问题

主板与内存条不兼容，或同时插上不同品牌、类型的内存条时，主板无法识别内存条，有时也会出现故障。

4）主板自动保护

电压或电流不稳、CPU 超频等异常时，有的主板具有自动检测保护功能，停止运行保护计算机。

2. 计算机经常死机

遇到这种故障首先要检查是否是 CPU 散热不良引起的，如果是因 CPU 散热不良导致该故障，处理好 CPU 散热问题后一般可解决。如果故障依旧，则要更换内存或主板测试。

3. CMOS 参数丢失，不能保存 CMOS 设置

此类故障一般是 CMOS 供电不足导致的，可以先更换 CMOS 电池。

4. 按几次 Power 键才能开机

此类故障首先考虑是不是电源功率不足，可以更换功率更大的机箱电源测试。

学习情境 2　掌握 CPU 及 CPU 散热片故障处理方法

1. CPU 超频使用后计算机无法启动

可能是因为 CPU 不能适应新的运行频率，导致计算机无法启动。将频率恢复到原来的频率，即可解决一般故障。

2. 计算机运行突然变慢，有死机现象

出现此类故障首先用杀毒软件查杀是否有病毒，然后用系统优化软件清理系统垃圾文件等。

3. 计算机启动后运行一段时间后死机，或者运行较大的游戏死机

出现此类故障首先检查CPU散热是否正常，如故障依旧，再检查内存条、主板等部件测试。

4. CPU风扇异响

出现此类故障可能是风扇长时间运行，风扇润滑油干了。将CPU风扇拆卸下来，在CPU风扇转轴中滴几滴润滑油，重新安装好CPU风扇。

学习情境3 掌握内存条故障处理方法

1. 计算机不能正常启动，机箱喇叭有短声鸣叫

遇到这种情况一般是内存接触不好或内存条损坏引起的，首先用橡皮擦清洁内存条金手指氧化膜，然后重新安装内存条，如故障仍未解决，应更换内存条测试。

2. 升级增加内存条主板不能识别新内存条

出现此类故障可能是主板与内存条不兼容，应更换内存条测试。

学习情境4 掌握硬盘常见故障分析及处理方法

1. 常见硬盘故障提示

(1) No fixed disk present：硬盘不存在。

(2) HDD Controller Failure：硬盘控制器错误。

(3) Device error：驱动器错误。

(4) Drive not ready error：驱动器未准备就绪。

(5) Hard Disk Configuration Error：硬盘配置错误。

(6) Hard Disk Failure：硬盘失效。

(7) Reset Failed：硬盘复位失败。

(8) Fatal Error Bad Hard Disk：硬盘致命错误。

(9) No Hard Disk Installed：没有安装硬盘。

2. 系统不能识别硬盘

出现此类故障可能是硬盘电源线、数据线接触不良或者损坏，如故障依旧应更换硬盘测试。

3. 开机后提示 Error Loading Operating System 或 Missing Operating System

出现此类故障一般恢复或重新安装操作系统后即可解决。

学习情境5 掌握光驱故障处理方法

1. 光驱读盘时系统就重启

光驱读盘时系统就重启可能是机箱电源功率不足或光驱电源线问题，更换并进行测试。

2. 光驱读盘时噪音较大

光驱读盘时噪音较大可能是光盘质量差,光驱读盘能力下降,或者光盘表面污损严重所致。

3. 不能检测到光驱

出现此类故障首先检查光驱数据线和电源线是否有问题,如故障依旧应更换光驱测试。

学习情境 6 掌握机箱电源故障处理方法

1. 按电源键不能开机,有时又能启动

按电源键不能开机,有时又能启动首先检查电源,更换电源后开机测试。

2. 计算机更换硬盘后不久就烧坏了

计算机更换硬盘后不久就烧坏了可先用万用表检测电源输出电压是否正常,如出现异常,更换机箱电源。

学习情境 7 掌握显卡与显示器故障处理方法

开机后显示器黑屏,这是一个典型综合故障,不一定就是显卡与显示器的问题。

(1) 看显示器指示灯是否正常,开关是否打开。

(2) 看显示器信号线、电源线是否正常。

(3) 仔细听计算机启动时自检的声音是否正常。

(4) 检查显示器亮度、对比度等设置是否正确。

(5) 检查显卡的安装是否正常。

(6) 检查内存条是否有问题。

(7) 主板上只安装 CPU 及 CPU 风扇、内存条,把其他部件的连接去掉,采用最小系统法测试计算机的三大基础部件是否正常。

学习情境 8 掌握声卡与音箱故障处理方法

1. 没有声音

(1) 检查音量设置和音量调节旋钮位置是否正常。

(2) 电源线、信号线连接是否正确。

(3) 重装声卡驱动程序。

2. 音量不足

(1) 检查音量设置和音量调节旋钮位置是否正常。

(2) 检查音箱信号线连接是否正确。

(3) 更换音箱进行测试。

(4) 更换声卡和音箱进行测试。

知识测试

1. 简述计算机硬件产生故障的原因。
2. 简述计算机硬件维修的常用方法。

3. 简述计算机开机黑屏的故障原因及解决方法。

拓展任务

到计算机机房对有故障的计算机进行维修，找出故障原因并排除相关故障。

计算机名人故事

李彦宏(见图 8.1)，出生于 1968 年 11 月 17 日，企业家，山西阳泉人，毕业于美国布法罗纽约州立大学，百度创始人、董事长兼首席执行官，全国工商联副主席。李彦宏早前供职于 Infoseek 公司，2000 年归国创立百度，任百度公司董事长，后带领百度成功赴美上市，成为首家进入纳斯达克成分股的中国公司。

图 8.1　百度创始人：李彦宏

项目 9

操作系统维护与故障处理

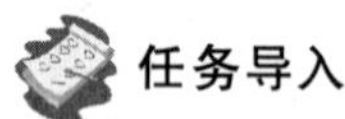

任务导入

操作系统是管理软硬件资源的程序集合，也是延伸硬件功能最重要的软件。操作系统工作在硬件之上，负责各种资源的调配，在应用软件与硬件之间起着桥梁作用。硬件组装完成后，用户并不能直接使用计算机，需要根据硬件的配置准备操作系统安装程序和应用软件，选择合适的安装方式，依次安装操作系统和应用软件。

经过多年不断的迭代更新，Windows 系统功能日益完善。Windows 10 作为当前的主流个人计算机操作系统，受到用户的一致好评。掌握 Windows 10 基本维护方法，可以确保系统出现故障时得到快速处理。熟练掌握操作系统使用方法、具备系统维护和故障处理基本技能，是对专业技术人员的基本要求。

主要内容及目标

(1) 掌握 Windows 10 的日常维护技能。
(2) 掌握 Windows 10 注册表使用方法。
(3) 掌握 Windows 10 安全基础知识和技能。
(4) 掌握 Windows 10 常见故障的处理方法。

任务 1　掌握 Windows 10 的日常维护技能

正确的操作方式是减少操作系统故障的有效手段，但由于用户的不当操作、系统安装和卸载软件对系统资源的配置和修改、软件与硬件不兼容、外界的入侵、病毒破坏等原因，导致操作系统出现各种各样的故障，所以当系统出现故障时，需要针对各种情况对操作系统进行必要的处理，以保证系统的正常使用。

学习情境1 掌握打开或关闭系统自动更新功能的方法

微软公司根据用户反馈和发现的系统问题提供更新程序或补丁，用户通过安装更新程序或系统补丁的方式来完善操作系统的功能，解决系统运行过程中的缺陷。Windows 10 系统具备自动更新和用户手动更新两种方式，用户可以自行选择。系统自动更新由系统自动完成，操作系统随时监控微软服务器上发布的更新程序，一有更新就自动下载，自动更新可以保证系统及时获得微软发布的更新程序。手动更新是在自动更新功能关闭的情况下，用户自我决定、定制选择的更新方式，用户可根据自己计算机的性能、使用环境等条件决定是否安装某个更新程序。

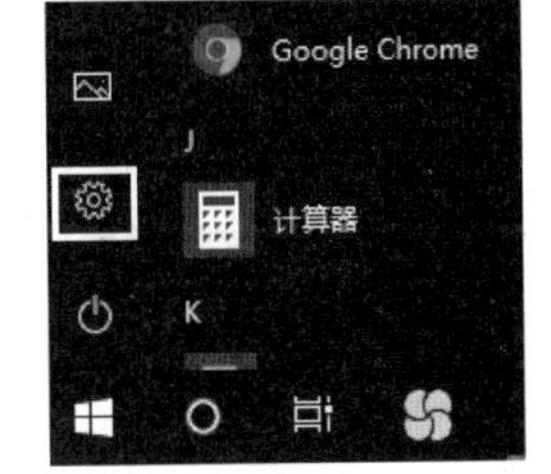

图 9.1 “设置”按钮

具体操作：单击“开始”菜单，在弹出的菜单中单击齿轮状“设置”按钮，如图 9.1 所示。

弹出“Windows 设置”窗口如图 9.2 所示，将滚动条滚到底部，单击“更新和安全”图标。

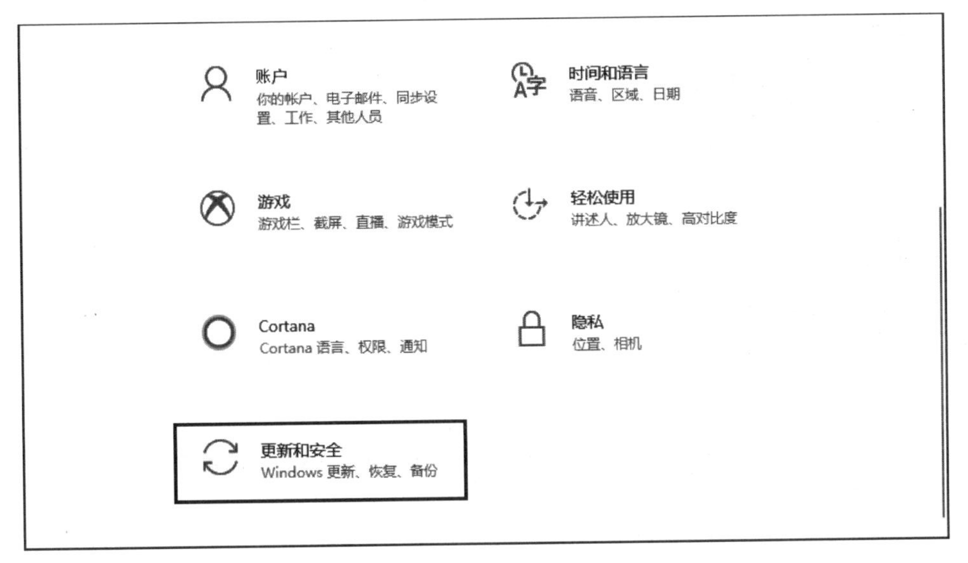

图 9.2 “Windows 设置”窗口

在显示的页面中选择左侧列表的“Windows 更新”列表项，如图 9.3 所示，单击右侧窗口的“高级选项”命令，显示如图 9.4 所示的页面，在此页面上可以对更新方式、是否通知更新、何时安装更新等进行设置。

学习情境2 掌握关闭不必要服务的方法

Windows 服务(Services)是在操作系统后台运行的系统功能服务程序，服务包括系统服务和用户的应用程序提供的服务。有些服务对普通用户是没有必要的，可以关闭不需要的服务，减轻系统运行的负担，提高系统运行效率。关闭 Windows 服务有以下几种方法。

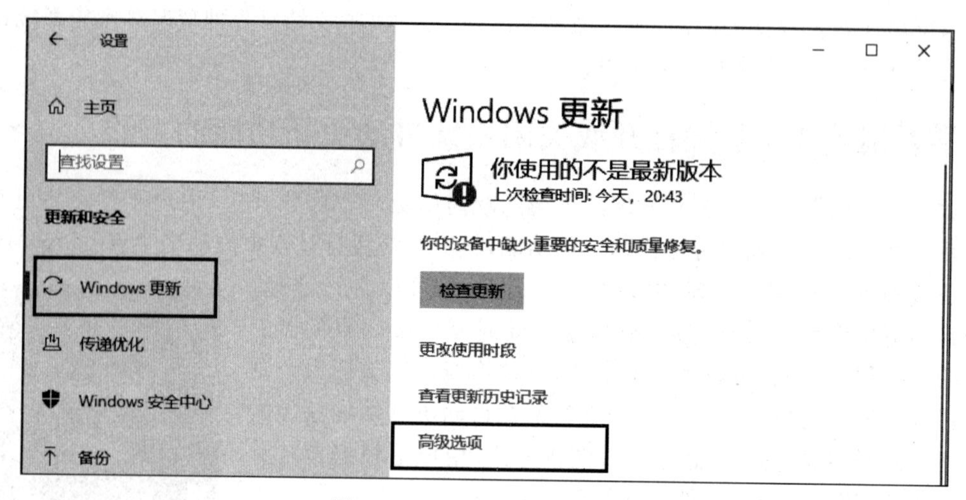

图 9.3 “Windows 更新”窗口

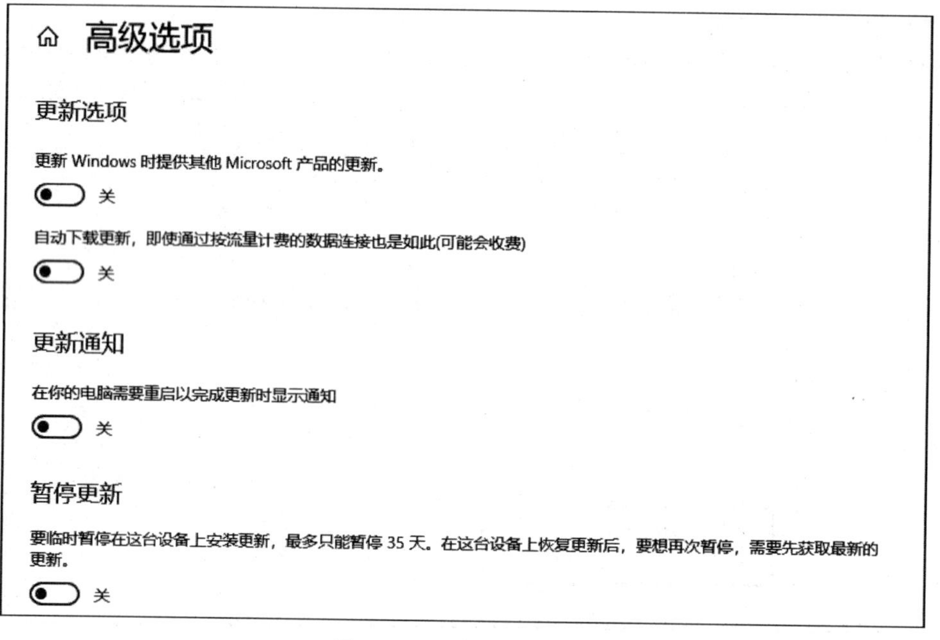

图 9.4 设置“高级选项”

（1）右击桌面“此电脑”图标，在弹出的快捷菜单中选择“管理”命令，然后在弹出的“计算机管理”对话框中选择“服务”选项，即可展示本机所有的服务，包括操作系统本身提供的服务和用户安装的应用程序提供的服务，可以根据需要“启动”“停止”“暂停”“恢复”等，如图 9.5 和图 9.6 所示。

（2）按 Win+R 组合键，在“运行”对话框中输入 services. msc 后单击“确定”按钮，打开服务查看窗口，根据系统实际应用需求关闭一些服务。另外，也可以双击控制面板中的“管理工具”，列出系统管理工具清单，双击“服务”工具打开窗口进行设置。

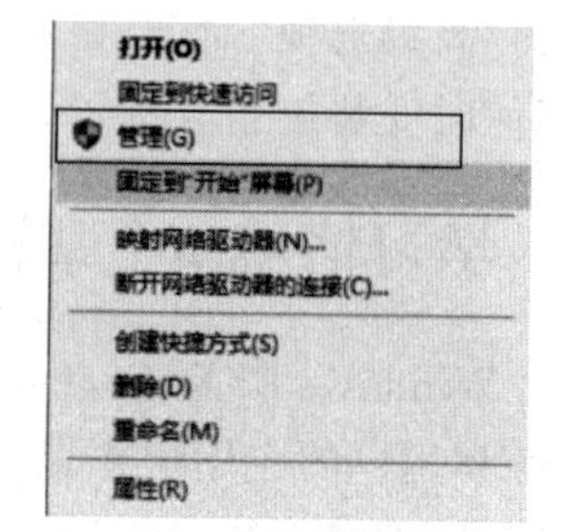

图 9.5 选择“管理”命令

图 9.6　“启动”和“停止”服务设置

学习情境 3　掌握 Windows 10 系统性能优化方法

1. 禁止不必要的 Windows 视觉效果

打开“控制面板”，打开“系统”对话框，在弹出的窗口中选择“高级系统设置”选项，进入“系统属性”对话框，选择“高级”选项，单击“性能”中的“设置”按钮，弹出“性能选项”对话框，在该对话框中选择“视觉效果”选项卡，选择“调整为最佳性能”，或者“自定义”视觉效果，如图 9.7 所示。

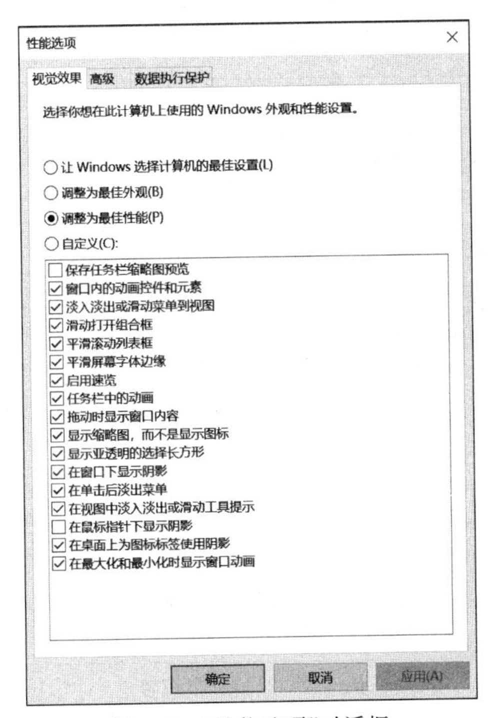

图 9.7　“性能选项”对话框

2. 提高系统启动速度

打开“运行”窗口，输入 msconfig，打开“系统配置”对话框，选择“引导”选项卡，在“引导”

选项卡右下侧的“超时”文本框中修改超时时间，然后勾选“引导选项”中的“无 GUI 引导”复选框。单击“高级选项”按钮，进入“引导高级选项”对话框，勾选“处理器个数”复选框等，如图 9.8 所示。

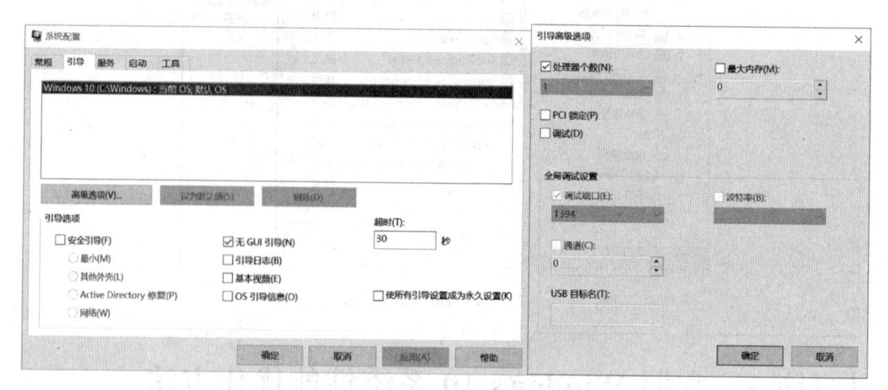

图 9.8 Windows 10 启动速度设置

3. 移除不必要的启动项

安装 QQ、钉钉等软件后，它们经常被默认设为自动启动，某些软件为了引起用户注意，也会自己添加进自动启动项。太多的自动启动程序会影响系统的启动速度并占用内存资源。要把它们从启动项移除，可右击“任务栏”，在弹出的快捷菜单中选择“任务管理器”命令，打开“任务管理器”窗口，选择“启动”选项卡，将不需要开机启动的项目禁用，如图 9.9 所示。当然，这些操作也可以借助其他系统优化软件来完成。

任务管理器

文件(F) 选项(O) 查看(V)

进程 性能 应用历史记录 启动 用户 详细信息 服务

上次 BIOS 所用时间：5.5 秒

名称	发布者	状态	启动影响
360安全浏览器 服务组件	360.cn	已启用	高
360安全卫士 安全防护中心...	360.cn	已启用	低
360杀毒 启动程序	360.cn	已启用	低
BaiduNetdisk		已启用	高
Microsoft OneDrive	Microsoft Corporation	已启用	高
Windows Security notifica...	Microsoft Corporation	已启用	中
yundetectservice.exe		已启用	低
电脑管家	Tencent	已启用	低
腾讯QQ	Tencent	已启用	高

图 9.9 “启动”项设置

4. 关闭系统还原并删除还原点

要关闭 Windows 10 的还原功能，可以通过以下方式打开设置窗口。右击桌面上的“此电脑”图标，在弹出的快捷菜单中，选择“属性”命令，打开“系统”对话框，在“系统”对话框中选择“高级系统设置”选项，打开“系统属性”对话框，选择“系统保护”选项卡，选择需要处理的磁盘。一般系统盘的保护是启用的，选择系统盘后单击“配置”按钮，在弹出的对话框中选中“禁用系统保护”单选按钮和单击“删除”按钮就可以关闭系统还原并删除还原点了，如图 9.10 所示。

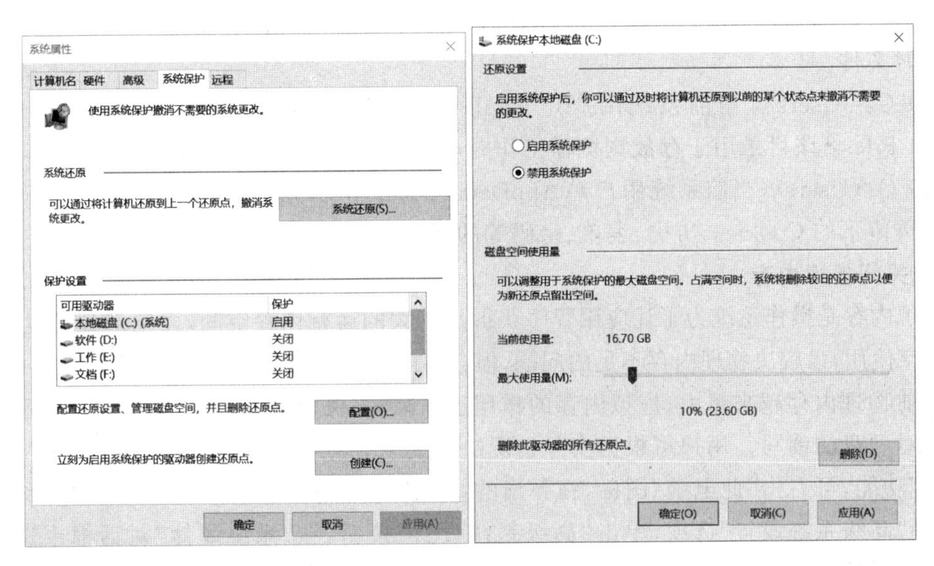

图 9.10 关闭系统还原并删除还原点

5. 删除系统垃圾文件

删除系统无用的垃圾文件，可以手动删除，但是要求用户能正确区分哪些文件是无用的。这对一般用户要求较高。普通用户可以通过一些工具来完成，如 360 安全卫士，也可通过系统自带的 cleanmgr. exe 程序来完成。输入 cleanmgr. exe 如图 9.11 所示，出现“磁盘清理：驱动器选择”对话框，如图 9.12 所示，选择需要清理的驱动器，单击“确定”按钮，弹出“磁盘清理”对话框，用户可以看到系统扫描的文件信息。扫描完成后，会弹出所扫描磁盘的可删除文件清单对话框，用户可根据实际情况，选择要删除的文件，然后单击“确定”按钮就可以清理文件了。

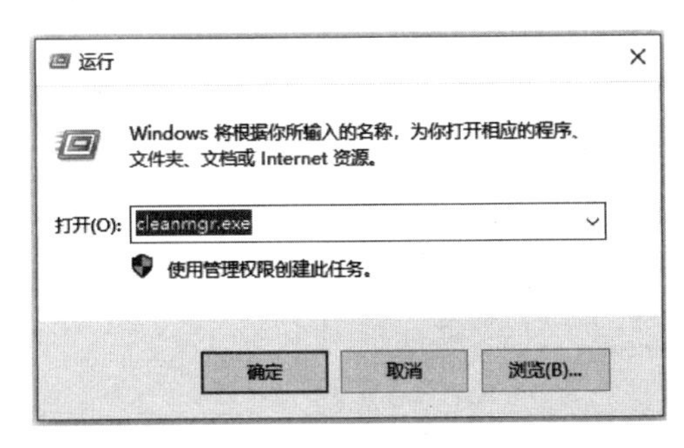

图 9.11 启动 cleanmgr. exe

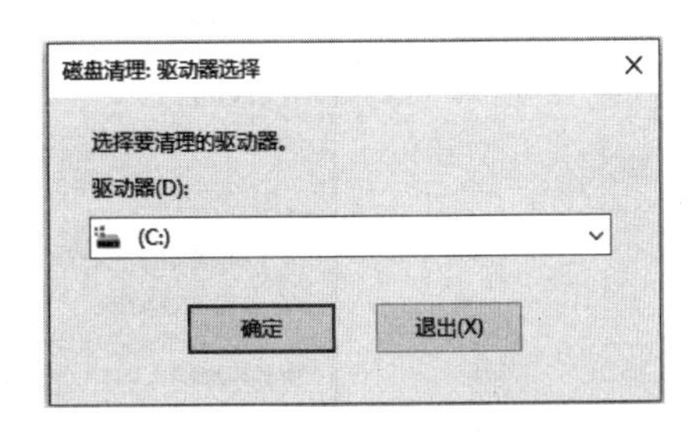

图 9.12 “磁盘清理：驱动器选择”对话框

6. 其他可清理的文件夹和系统临时文件夹

(1) C:\Users\Public\Music：存放公用音乐。

(2) C:\Users\Public\Pictures：存放公用图片。

(3) C:\Users\Public\Videos：存放公用视频。

(4) C:\Users\Public\Downloads：存放公用下载文件夹。

(5) C:\Users\Public\Documents：存放公用文档。

(6) C:\Windows\Temp：存放临时文件目录。

(7) C:\Users\(当前系统用户名)\AppData\Local\Temp：存放浏览器、应用程序等产生的临时文件。

(8) C:\Users\(当前系统用户)\AppData\Local\Microsoft\Windows\Temporary Internet Files：该目录用于存放浏览器工作时产生的各种多媒体缓存文件。

(9) C:\Users\(当前系统用户)\AppData\Local\Microsoft\Windows\History：存放浏览网页留下的 Cookies、历史、表单、密码等的文件。

7. 关闭虚拟内存

虚拟内存是操作系统为了让应用程序获得足够大的运行内存空间，而把部分硬盘空间虚拟成内存使用，以解决物理内存不足的问题，但它不能真正代替物理内存运行程序。

当前物理内存越来越大，虚拟内存的作用逐渐减小，关闭虚拟内存可以在一定程度上减少系统对硬盘的读写。用户可根据实际情况决定是否需要关闭虚拟内存。要关闭"关闭虚拟内存"功能，可右击"此电脑"图标，在弹出的快捷菜单中选择"属性"命令，打开"系统"对话框，选择"高级系统设置"选项，单击"高级系统设置"按钮，在"系统属性"对话框中选择"高级"，在"高级"中单击"性能"的"设置"按钮，打开"性能选项"对话框。在该对话框中，单击"高级"选项卡中的"更改"按钮打开"虚拟内存"对话框。在该对话框中取消勾选"自动管理所有驱动器的分页文件大小"复选框，就可以对分页文件大小进行设置，将"每个驱动器的分页文件大小"选择为"无分页文件"，最后单击"确定"按钮进行确认，如图 9.13 所示。

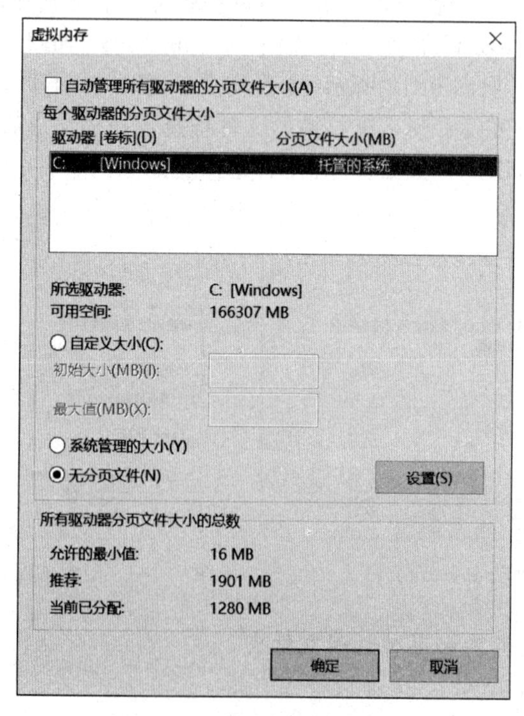

图 9.13 关闭虚拟内存设置

任务2 掌握 Windows 10 注册表使用方法

学习情境1 了解注册表的功能

Windows 注册表就是系统的管理数据库，在注册表中存储着操作系统本身和系统中安装的应用程序的配置信息，也包括硬件驱动信息和用户设置等诸多信息。操作系统在启动时，会对照注册表读取信息完成用户设置，操作系统提供控制面板之类的接口供用户配置数据。注册表是操作系统的管理数据库，如注册表出现故障，轻则导致系统运行不稳定、故障频繁，重则系统崩溃。实践证明，及时进行注册表备份非常重要。

打开注册表需要用户具备足够的权限。在具备权限的情况下，运行 regedit，即可打开“注册表编辑器”窗口，就可以查看和修改注册表信息，如图 9.14 所示。

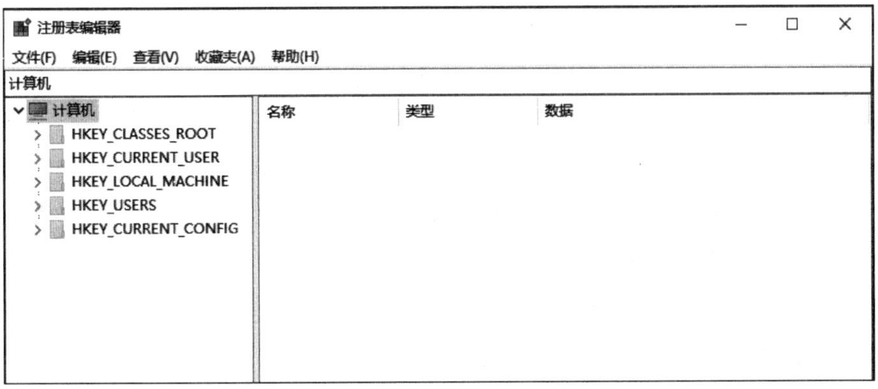

图 9.14 “注册表编辑器”窗口

Windows 10 注册表由 5 个部分组成，分别是 HKEY_CLASSES_ROOT、HKEY_CURRENT_USER、HKEY_LOCAL_MACHINE、HKEY_USERS、HKEY_CURRENT_CONFIG，注册表各主键各及功能如表 9.1 所示。

表 9.1 注册表主键功能

主 键 名	功 能 说 明
HKEY_CLASSES_ROOT	该键存储应用程序所需的全部信息，包括系统文件的扩展名、驱动程序名、文件图标等
HKEY_CURRENT_USER	该键存储当前用户的配置信息、环境变量、个性化设置等
HKEY_LOCAL_MACHINE	该键存储计算机硬件、操作系统的设置等信息
HKEY_USERS	该键存储用户的配置信息
HKEY_CURRENT_CONFIG	该键存储硬件配置的信息，信息从 HKEY_LOCAL_MACHINE 映射而来

学习情境2 掌握注册表基本操作方法

1. 修改注册表

通常情况下，一般用户不需要直接操作注册表，对注册表不熟悉的用户对注册表的操作容易导致系统出现问题。对注册表键的操作,可以使用专门的注册表辅助管理软件。当然专业技术人员可以自己编写代码进行操作,也可以手动完成。对于手动操作注册表,出于谨慎,需要用户熟悉注册表项对应的功能。具体操作时,注册表编辑器的左侧有一个窗格,窗格中罗列有5个主键,单击后可以树状展开其细节,用户根据需要找到并选中要操作的键或子健,右边的窗格中就显示出键所对应的值,在数值名称上右击,在弹出的快捷菜单中选择修改、删除或重命名等即可进行操作。

如要通过修改注册表加速关闭服务、缩短关机时间,具体的操作方法为:打开注册表编辑器,选中 HKEY_LOCAL_MACHINE\SYSTEM\CurrentControlSet\Control,在右侧窗口显示的列表中找到数值名称为 WaitToKillServiceTimeOut 的列表项,在该项上右击,在弹出的快捷菜单中选择“修改”选项将数值数据修改为5000(即5s),确认后重启计算机生效,关机时系统就不用花时间去等待没有响应的服务了。

关闭计算机的等待时间一般默认是12s,如果要缩短这个等待时间,可以到注册表进行设置,因为这个等待时间系统是保存在注册表中的。修改的方法同样是修改 HKEY_LOCAL_MACHINE\SYSTEM\CURRENTCONTROLSET\CONTROL 下的 WaiTtoKillServiceTimeOut,该数值数据默认值是12000,也就是12s,可以修改为5000,即5s,重启计算机即可查看效果。

2. 备份注册表

进入注册表编辑器,根据用户的需求,可以进行整个注册表备份或部分备份。如果备份整个注册表,操作时选择“计算机”,然后在“文件”菜单中选择“导出”选项即可,这个备份文件相对比较大,如果备份其中某个键的内容,则在选择该键后在“文件”菜单中选择“导出”选项。备份时,系统会弹出对话框询问文件保存的位置,选择保存的文件位置并命名备份文件,然后进行保存即可,具体效果如图9.15所示。

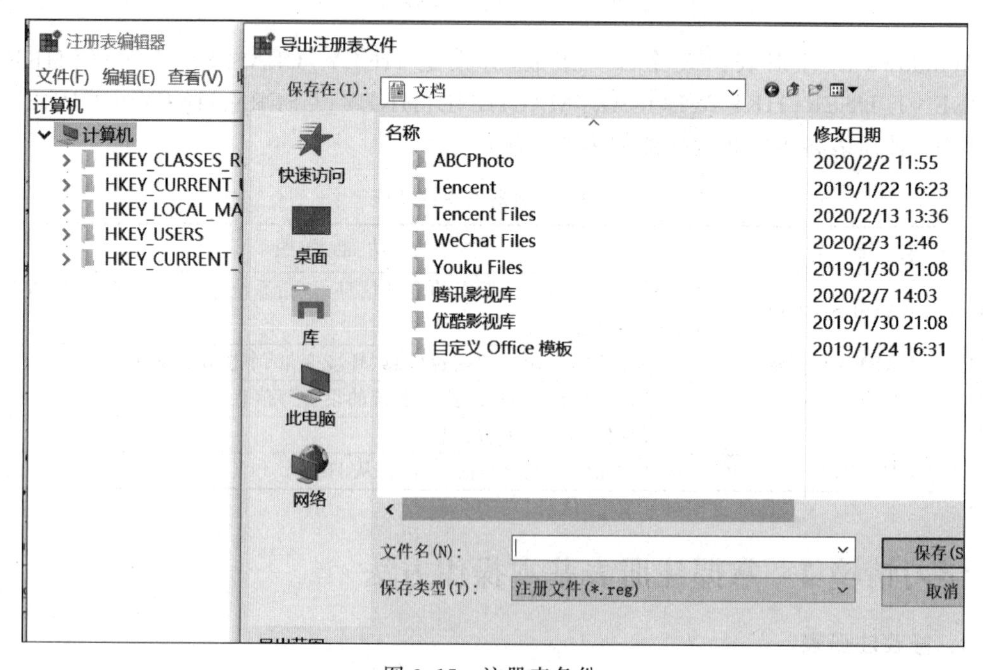

图9.15 注册表备份

3. 注册表的恢复

注册表文件的后缀名为.reg，备份注册表信息时，系统会自动以该扩展名保存。备份好的注册表文件可以存在磁盘中指定位置，通过后缀名与其他类型文件进行区分。对于注册表文件的恢复，有以下两种方法：一种方法是双击备份文件，弹出“注册表编辑器”对话框，提示是否确认导入备份注册表，如图9.16(a)所示；另一种方法是通过“注册表编辑器”对话框中的“文件”菜单“导入”备份文件完成恢复，如图9.16(b)所示。

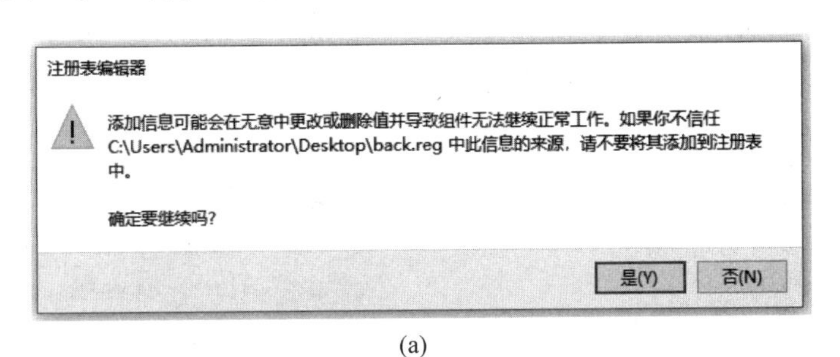

(a)

(b)

图9.16 注册表的恢复

任务3 掌握 Windows 10 安全基础知识和技能

学习情境1 理解进程、线程和端口

1. 进程

进程是应用程序在操作系统中执行时产生的，比如打开 WPS 软件，进程列表中对应产生 WPS Office 的进程。系统的进程列表中，包含系统启动的进程、用户运行的应用程序的进程，还有一些非法运行的程序进程等。

可以通过结束进程的方式终止应用程序运行。但是，一些恶意程序在用户的计算机中运行时，一般没有程序界面，它为了保护自己，还会隐藏自己的进程。所以，通过结束进程的方式终止恶意程序运行并不一定可行。

通过“任务管理器”可以查看正在运行的进程，打开“任务管理器”后选择“进程”选项卡，可以看到当前正在运行的应用程序对应的进程及占用CPU、内存等资源的情况，如图9.17所示。

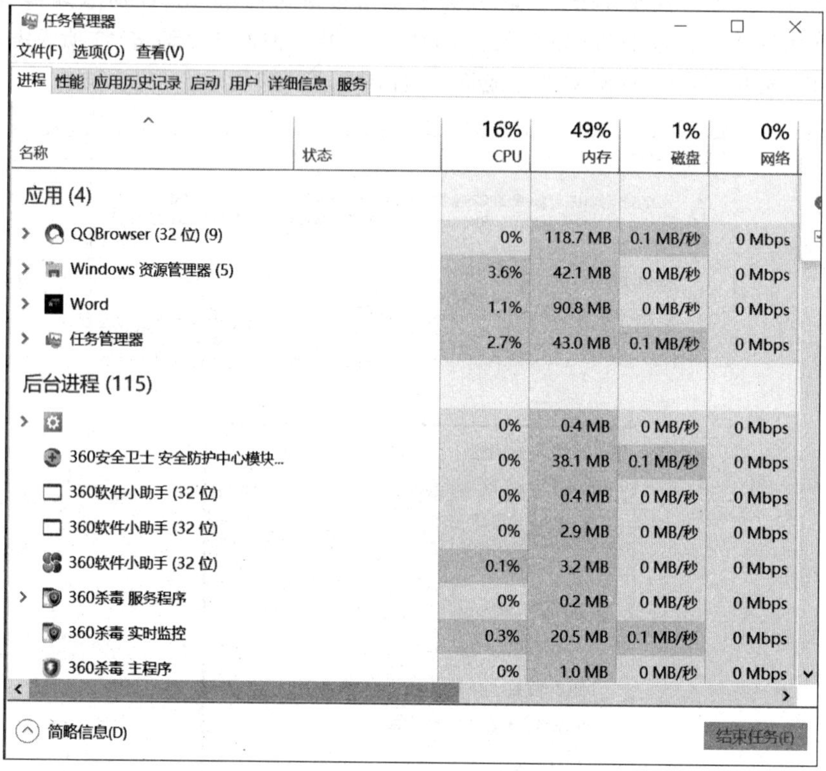

图9.17 Windows进程列表

2. 线程

线程是比进程更小的应用程序运行单位，一个进程可以只包含一个线程，也可以包含多个线程，进程具备独享系统资源的权限，而线程只能和该进程中的其他线程共享资源。线程可以理解为进程的组成部分，多个线程工作时，可以在宏观上实现不同任务的并发执行。

3. 端口

端口分为物理端口和虚拟端口。物理端口是指硬件设备互连的接口，比如网卡、交换机的RJ-45接口。虚拟端口是指操作系统的通信协议端口，虚拟端口有周知端口、动态端口、注册端口三种类型。每一个端口需要有一个编号，操作系统中端口的编号从0到65535共65536个，如果IP地址代表门牌号，那么端口就是门窗等可以进入房间的出入口，如WWW服务占用的80就是一个已经被系统保留给上网服务的端口号，这是众所周知的，所以叫作周知端口，还有21(FTP服务占用)、25(SMTP简单邮件传输协议)等。

如果要对某台计算机进行攻击，需要对这台计算机进行扫描寻找机会。开放的端口存在一定危险，往往会被当作潜在的突破口。如果使用某个开放端口的服务存在漏洞，针对漏洞进行攻击或窃取信息就会变得比较容易。一些被常用协议占用的端口号如表 9.2 所示。

表 9.2　被协议占用的端口号

协议或服务名	端口号	协议或服务名	端口号
HTTP	80	SSH	22
FTP	21	SMTP	25
Telnet	23	POP3	110

既然端口容易被别人利用，那么我们将一些开放的端口关闭可以一定程度提高系统的安全性。如要查看计算机端口情况，在 CMD 命令窗口中运行 netstat -a -n 命令，查看端口连接情况，如图 9.18 所示。

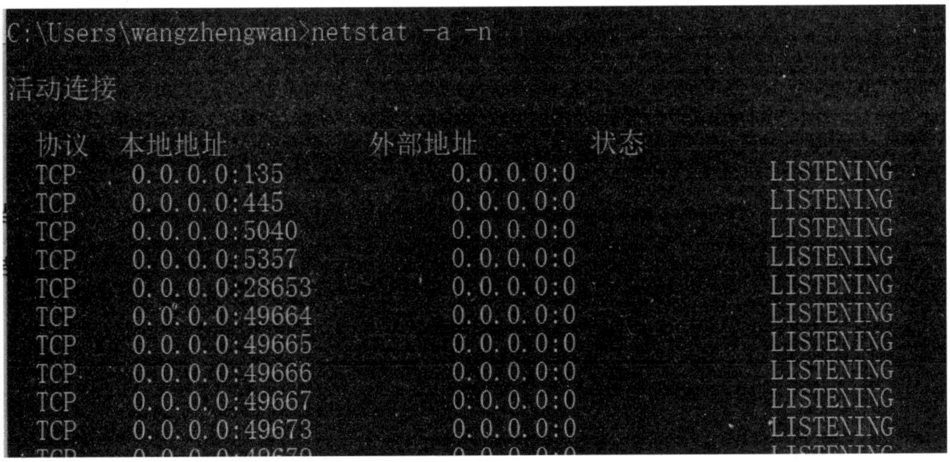

```
C:\Users\wangzhengwan>netstat -a -n

活动连接

  协议  本地地址              外部地址         状态
  TCP    0.0.0.0:135            0.0.0.0:0              LISTENING
  TCP    0.0.0.0:445            0.0.0.0:0              LISTENING
  TCP    0.0.0.0:5040           0.0.0.0:0              LISTENING
  TCP    0.0.0.0:5357           0.0.0.0:0              LISTENING
  TCP    0.0.0.0:28653          0.0.0.0:0              LISTENING
  TCP    0.0.0.0:49664          0.0.0.0:0              LISTENING
  TCP    0.0.0.0:49665          0.0.0.0:0              LISTENING
  TCP    0.0.0.0:49666          0.0.0.0:0              LISTENING
  TCP    0.0.0.0:49667          0.0.0.0:0              LISTENING
  TCP    0.0.0.0:49673          0.0.0.0:0              LISTENING
```

图 9.18　查看端口连接情况

关闭端口的方法如下。

(1) 将服务的“启动类型”设置为“已禁用”，停止服务即可关闭对应的端口。

(2) 可以在“本地安全策略”中屏蔽指定端口。这里需要说明的是，Windows 10 家庭版默认情况下是没有“本地安全策略”的，专业版以上才有这个功能。

(3) 在控制面板的“系统和安全”中找到“Windows Defender 防火墙”，进入该功能窗口后单击左侧窗口的“高级设置”，进入“高级安全 Windows Defender 防火墙”，选择“入站规则”，再单击右侧窗口“新建规则”就可以编辑端口了，如图 9.19 所示。

学习情境 2　掌握操作系统安全基础操作

未经授权使用操作系统、非法获取系统中的信息、妨碍系统的正常使用，干扰、破坏系统的正常功能，导致用户不能正常使用系统资源的行为，均属于对操作系统的威胁。现在对计算机系统安全威胁最大的来源是互联网，来自于网络的病毒、木马等防不胜防，并且破坏手段越来越隐蔽，形式也变得多样化。可以采取一些措施，增加操作系统的安全性。

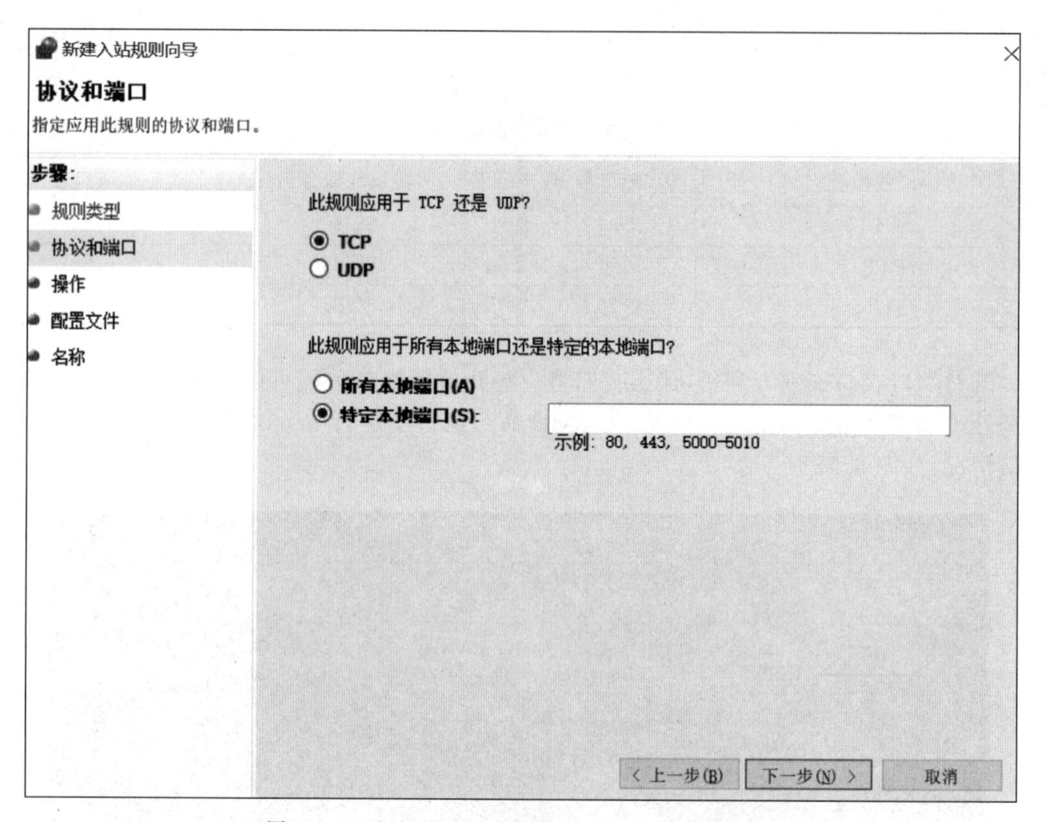

图 9.19 通过 Windows Defender 防火墙编辑端口

1. 禁用 Guest 等账号

Guest 虽然为权限受限账号,但是该账号也可以访问计算机,给系统安全留下隐患。要禁用 Guest 账号,可通过右击"此电脑"图标,在弹出的快捷菜单中选择"管理"命令,进入"计算机管理"窗口,展开左侧窗口列表中的"本地用户和组"中选中"用户"选项,右侧窗口即显示本计算机中的所有用户清单,选择 Guest 用户禁用即可。也可以使用 net user Guest /active:no 命令关闭 Guest 账号。平时要留意用户列表,不明账户要及时删除。

2. 建多个管理员账号

管理员可以建多个管理员账号,防止使用 Administrator 进行登录时密码被嗅探,也可以在失去管理员权限时,还有可能登录系统重新获取权限。也可以采用更改管理员账号、设置陷阱账号等手段增加账号安全。

3. 更改共享文件默认权限

有些共享文件的默认权限是 Everyone,可以将访问权限指定给授权用户,限定用户访问。

4. 设置安全密码

尽可能将 Windows 的密码设置得复杂和长一些,并且要经常更换密码。

5. 设置屏幕锁定密码

设置屏幕锁定密码,可以让系统在一定时间不使用时屏幕自动锁定,防止用户离开时系统被非法使用。

6. 使用 NTFS 分区格式

NTFS 文件系统具备安全性、稳定性、容错等优点，而且还解决了磁盘容量限制问题。可在安装系统前将磁盘分区格式化为 NTFS 格式，有利于提高系统的安全性。

7. 打开防火墙功能

Windows 10 自带防火墙功能，虽然功能相对较弱，但是也还能发挥一定作用。可以按 Win+I 组合键，也可以在开始菜单中单击“设置”按钮打开“Windows 设置”窗口，滚动鼠标滚轮至窗口最下方找到“更新和安全”，单击后在弹出的窗口中选择“Windows 安全中心”，在显示的页面中可选择“防火墙和网络保护”打开防火墙。

8. 安装防病毒等安全软件

为了保证系统的安全，我们可以安装第三方的防病毒软件，也可以安装木马专杀、系统修复等工具保障系统安全。

9. 做好数据备份

经常对数据进行备份，当系统出现问题时，可以及时恢复数据。

10. 停止不必要的服务

对于大多数用户来说，系统的一些服务是用不到的，可以将这些服务停止。

11. 谨慎下载安装软件

用户下载安装软件时，尽量到软件开发商的官方网站下载，或者通过一些知名网站下载，安装前使用防病毒工具扫描一下，防止一些捆绑了恶意程序或有病毒、木马的软件安装到自己的操作系统中。

12. 定期检查，防患于未然

定期使用防病毒工具对磁盘进行扫描，检查系统是否存在漏洞、病毒、木马等，如果发现问题应该及时处理。

13. 发现异常及时处理

使用操作系统的过程中，若发现异常，应切断网络，查找原因及时对系统进行处理。

学习情境 3　掌握病毒与木马的防护方法

计算机病毒是人为编写的具有破坏性、潜伏性、可执行性、传染性等特点的程序，类似于自然界的生物病毒。木马程序和计算机病毒是两个不同的概念，两者的存在目的不同，计算机病毒以破坏系统中的数据、尽可能的感染更多的文件、尽可能的隐藏自己不被发现、直到耗尽被感染计算机资源等为目的。木马不会自我复制，它隐蔽在计算机中，作为后门程序与外界服务器端程序相互配合，以非法远程控制用户的计算机、窃取用户计算机中的信息、账号和密码，或将用户敏感数据发往指定邮箱等为目的。

1. 计算机病毒的特点

破坏性：以删除、修改文件为目的；潜伏性：将自身设置为隐藏状态防止被发现；可执行性：遇到适当的条件，能够像正规程序一样被执行；传染性：能够进行快速自我复制，能够将病毒程序的副本复制到其他位置。

2. 计算机病毒的分类

按感染对象的不同，计算机病毒可分为引导型病毒、文件型病毒、混合型病毒、宏病毒等，如表 9.3 所示。

表 9.3　几种类型的病毒代表

病 毒 类 型	病 毒 代 表
引导型病毒	小球病毒、大麻病毒、2708 病毒
文件型病毒	黑色星期五、CIH
混合型病毒	New century 病毒
宏病毒	七月杀手

3. 计算机感染病毒后的症状

计算机感染病毒后，会根据中毒情况出现不同现象，比如可用硬盘空间变小、系统不能正常启动、软件不能正常使用、莫名其妙丢失（多出）数据或文件、系统启动或程序运行出现异常现象、图标被修改、系统响应速度变慢、无端弹出一些莫名其妙的对话框等。

4. 计算机病毒和木马的防控措施

计算机病毒传播途径很多，以前病毒主要是通过软盘、U 盘、光盘、移动硬盘等存储介质传播，现在的病毒传播主要以网络为主，一个病毒通过网络可以在很短的时间内传遍全世界。

木马主要的传播途径是用户打开植入木马的电子邮件或植入木马的图片、软件、网站时，木马程序成功运行后侵入计算机，也可能是黑客通过用户系统漏洞侵入计算机后植入木马程序。

对于普通用户来说，计算机病毒和木马的防控措施有以下几条。

(1) 安装病毒或木马的实时监控程序。

(2) 不使用来源不明的软件，在安装软件前进行病毒扫描。

(3) 及时安装操作系统安全补丁，经常使用杀毒软件对系统进行扫描，及时升级杀毒软件病毒库。

(4) 注意系统中的一些异常变化，如文件或文件夹无法打开、数据丢失、一些程序自动执行、系统变慢、文件夹内出现一些来历不明的文件等，需要及时进行查杀病毒处理。

(5) 注意一些病毒的发作日期；注意网络上最新的病毒预警，做好安全防护。

(6) 接收电子邮件时要小心谨慎，不打开来历不明的邮件。

学习情境 4　掌握常用的安全管理软件的使用

1. 杀毒软件

杀毒软件是计算机中用于病毒查杀、实时防护的安全应用程序，不同软件公司开发的杀毒软件功能各有千秋、能力有强有弱，但基本都具备磁盘扫描、病毒识别、病毒清除等功能，功能较强的杀毒软件具备实时监控、多引擎、主动防御、准确识别并清除病毒、病毒库更新快、云查杀等特点。目前，可供用户选择使用的杀毒软件比较多，国内的有 360 杀毒、瑞星杀毒、金山毒霸等，国外的有卡巴斯基、小红伞、McAfee 等。

2. 软件防火墙

软件防火墙是具备拦截网络攻击、阻断入侵、拦截信息等多重功能的安全软件，本质上，软件防火墙与杀毒软件的功能有明显区别，它们的工作范围和处理对象不同。在个人计算机上，其功能与杀毒软件互为补充，常见的软件防火墙有瑞星个人防火墙、Comodo 防火墙、金山 ARP 防火墙等。

3. 其他安全软件

1）腾讯电脑管家

腾讯电脑管家，它是腾讯公司开发的桌面安全产品，它和 360 安全卫士是目前个人计算机中安装比较多的两款安全软件。腾讯电脑管家集成实时防护、病毒查杀、漏洞修复、垃圾清理、系统优化、系统急救等功能，还集成软件管理、硬件检测、插件清理、文件粉碎等功能，使用方便且功能比较强大。

2）360 安全卫士

360 安全卫士是奇虎 360 公司旗下的软件产品，该软件与 360 杀毒相互配合，可以很好地完成对系统的保护。360 安全卫士的功能比较全面，集成了系统扫描和修复功能，可以拦截可疑行为和木马查杀，提供多种方式和多种内容的清理，提供针对系统漏洞、驱动等的修复功能，具备软件下载、升级、卸载等管理功能，也具备对网络进行优化加速等功能，使用起来非常方便。

任务 4　掌握 Windows 10 常见故障的处理方法

操作系统的故障类型比较多，引起故障的原因也比较复杂，同一种故障现象有可能是不同的原因引起的。出现故障时，应先冷静思考，对症下药，对具体的故障现象进行仔细分析，寻找切实有效的解决办法。在解决故障之前，首先应该确保计算机中的数据安全，充分了解系统出现故障前做过什么操作，以便快速寻找解决办法。

一般情况下导致操作系统出现故障的原因有：系统与硬件不兼容、文件丢失、设置有误、操作系统与应用程序或系统更新、补丁等存在兼容性问题。下面就几种常见的故障现象，给出一些解决方案。

学习情境 1　掌握操作系统无法启动故障处理

导致操作系统无法正常启动的原因有很多，主要的原因有：硬盘引导出现问题、驱动不兼容、系统文件丢失等。Windows 10 中比较常见的故障是：在启动过程中若出现“Windows 未能启动”的现象，原因可能是无法加载所选项。出现这种故障的原因一般可能是启动分区故障，操作系统启动文件丢失或被破坏，或者驱动程序冲突等原因引起的，如果有明显的故障信息提示，可根据故障信息提示处理，如果还是不能解决就只能恢复或重新安装系统了。

学习情境 2　掌握系统蓝屏故障处理方法

操作系统蓝屏是经常遇到的故障现象，主要原因有硬件故障、系统与硬件不兼容、系统文件损坏、内存奇偶校验错误、注册表故障、系统引导错误等，有时也和 BIOS 设置、注册表设置有关。解决系统蓝屏问题，需要仔细查看蓝屏时给出的错误代码或其他信息，分析可能的原因，找到对应解决的办法。

表 9.4 给出了几种常见的蓝屏代码和解决办法。

表 9.4　几种常见的蓝屏代码和解决办法

代　　码	可能故障原因	参考解决办法
MACHINE-CHECK-EXCEPTION	CPU 超频	将 CPU 频率降回出厂频率，也可能是使用某些软件导致的，如大型软件或 CPU 频率测试软件
0X0000007E、0X0000008E、0x0000001A	内存损坏或接触不良	检查内存
0X000000D1	显卡故障	检查显卡或显卡驱动程序
0x0000007B	系统引导	检查系统引导模式
0x00000074	注册表问题	修复注册表
0X000000ED	操作系统损坏	重装系统

学习情境 3　掌握操作系统变慢、卡顿的故障处理方法

操作系统反应变慢、卡顿也是经常出现的问题，这些问题有可能是硬件本身的性能不足导致的，也可能是系统长时间使用后安装软件过多、系统启动的软件过多、加载的服务过多、系统中毒等原因引起的。用户可以使用杀毒软件对系统进行查杀，以手动的方式卸载不必要的软件，特别是会自动运行或带有服务的应用程序，也可以通过第三方的工具，比如腾讯电脑管家、360 安全卫士等工具来完成系统垃圾的清理和系统性能的优化。

1. 操作系统的日常维护方法有哪些？
2. 可能导致操作系统蓝屏的原因有哪些，系统蓝屏时怎么处理？
3. 为保证操作系统的安全，常用的安全措施有哪些？

了解 Windows 服务器版、旗舰版、专业版及标准版的区别。

计算机名人故事

马云(见图 9.20)，出生于 1964 年 9 月 10 日，浙江杭州人，当代互联网传奇人物，著名企业家、慈善家，阿里巴巴集团主要创始人。马云中学时偏科严重，英语特别好，参加过多次

高考，1984年，20岁的马云终于考入杭州师范学院外语系，毕业后成为杭州电子工业学院的一名英语教师。1999年与合伙人创立阿里巴巴，2004年成立支付宝公司。马云以其丰富的履历、卓越的成就成为当代众多奋斗者崇拜的偶像。

图 9.20　阿里巴巴创始人：马云

项 目 10

计算机常见网络故障处理

任务导入

当今是信息化时代，我们的工作、生活、娱乐等已经高度依赖互联网，互联网已成为信息社会的命脉和获取知识的重要途径，并且成为人们工作、社交沟通的重要方式之一，随着网络用户的增多，计算机网络故障时有发生，掌握基本解决计算机常见网络故障的技能很有必要。

主要内容及目标

(1) 掌握计算机网络日常故障检修基础技能。

(2) 掌握个人计算机常见网络故障处理办法。

任务1 掌握计算机网络故障检修基础技能

学习情境1 了解常见网络故障类型

网络故障是指因硬件故障、软件设置、病毒木马入侵破坏、黑客破坏等原因导致计算机不能上网或服务器不能正常服务的情况。网络故障的种类很多，常见的网络故障分类如下。

1. 根据网络故障对象分类

根据网络故障的对象分为硬件故障和软件故障。硬件故障是指因硬件及线路连接不好或损坏引起的网络故障，如网线、网卡、交换机、路由器等；软件故障是指因参数设置错误、软件损坏、网络攻击等引起的网络故障。

2. 按照网络故障的范围分类

根据网络故障的范围分为个人计算机网络故障、局域网网络故障和城域网以上大区域网络故障。个人计算机网络故障只是影响个别计算机使用网络，一般是因计算机本身硬件或软件故障导致的；局域网网络故障是某个部门或单位网络使用不正常，可能原因是局域网主控的服务器、路由器、防火墙、通信线路等故障引起的；城域网以上的大区域网络故障是因区域主控的服务器、路由器、防火墙、通信线路等故障引起的网络故障，由区域网络服务商负责解决。

学习情境2 掌握计算机网络常用故障诊断命令的使用

利用网络命令进行故障诊断时，需在DOS窗口进行，即在计算机正常运行状态下，按Win+R组合键，打开“运行”对话框，输入cmd，单击“确定”按钮，如图10.1所示，运行DOS命令窗口，如图10.2所示。

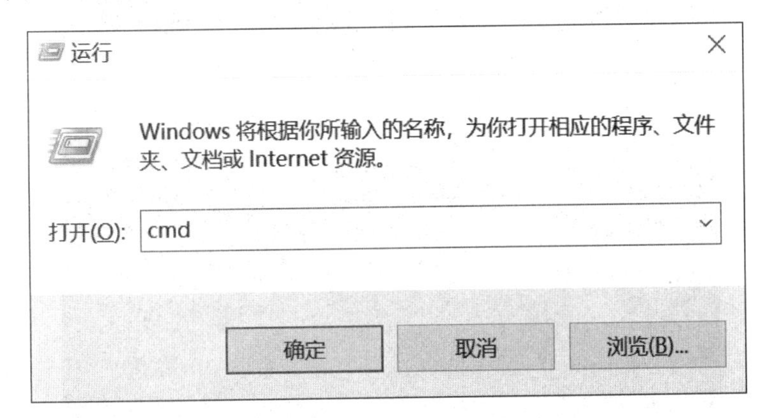

图10.1 “运行”对话框

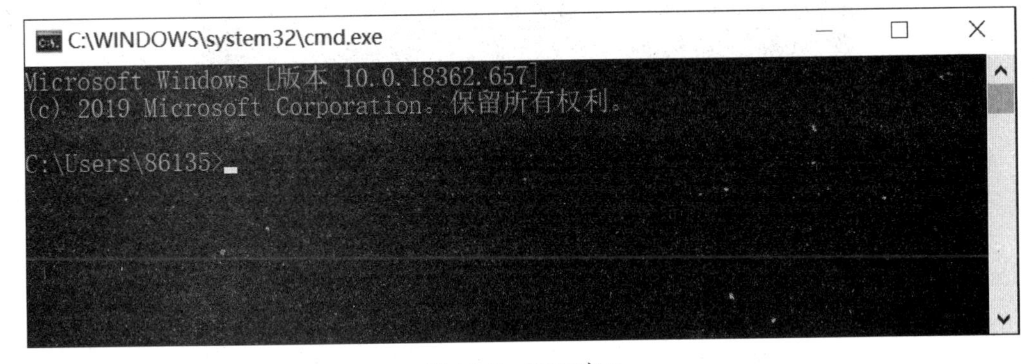

图10.2 DOS窗口

1. Ipconfig 命令

Ipconfig是Windows系统中TCP/IP常用的应用程序，它是调试网络状态和故障的常用命令，可显示出网卡IP地址、子网掩码、网关等网络配置信息，如图10.3所示。

但在实际使用过程中，通常还要在命令后面加上参数一起使用。

Ipconfig -all：查看比不带参数更完整IP配置信息，如图10.4所示。

Ipconfig -release：释放当前IP地址等配置信息，自动重新获取IP地址等配置信息，如

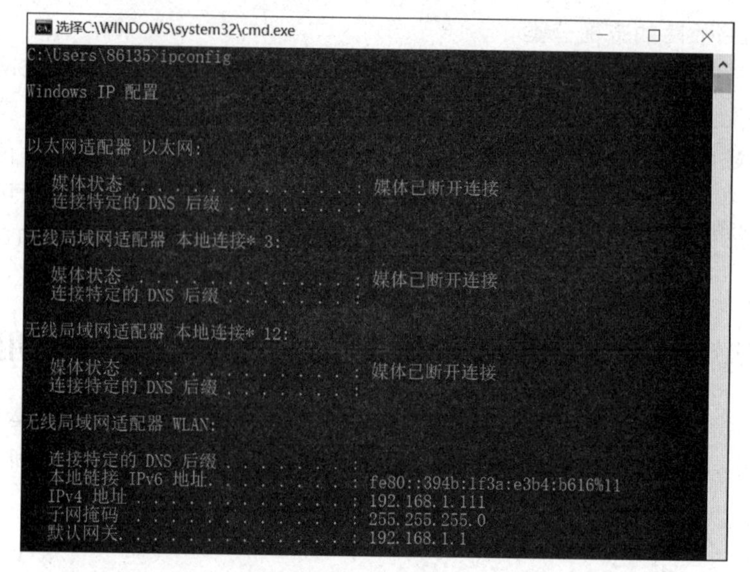

图 10.3　使用 Ipconfig 命令

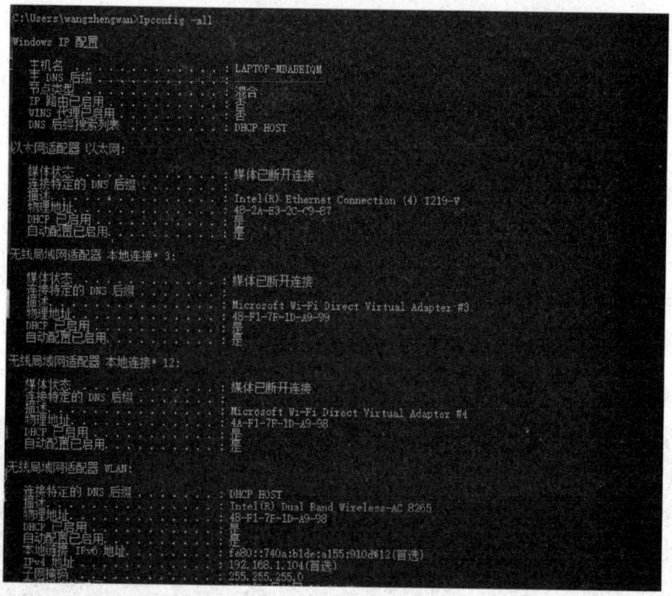

图 10.4　使用 Ipconfig -all 命令

图 10.5 所示。

Ipconfig -renew：重新获取 IP 地址等配置信息，如图 10.6 所示。

Ipconfig -flushdns：刷新 DNS 缓存，如图 10.7 所示。

2. Netstat

Netstat 是显示当前网络连接及每个接口的设备状态信息，一般用于检测本机各端口状态及当前有哪些网络连接。

命令格式：

```
netstat [ - a][ - e][ - n][ - o][ - p][ - r][ - s]
```

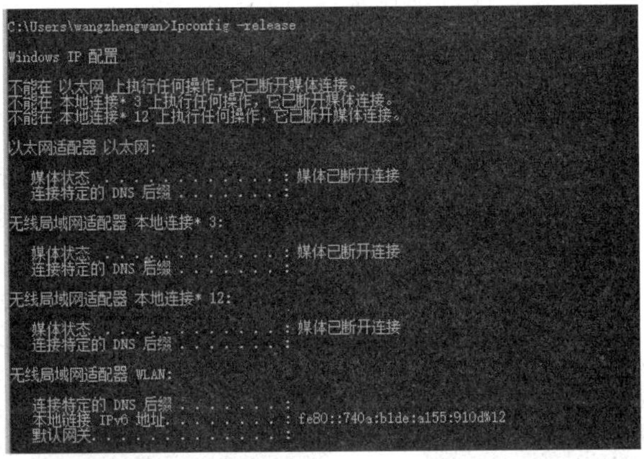

```
C:\Users\wangzhengwan>Ipconfig -release

Windows IP 配置

不能在 以太网 上执行任何操作，它已断开媒体连接。
不能在 本地连接* 3 上执行任何操作，它已断开媒体连接。
不能在 本地连接* 12 上执行任何操作，它已断开媒体连接。

以太网适配器 以太网:

   媒体状态 . . . . . . . . . . . . : 媒体已断开连接
   连接特定的 DNS 后缀 . . . . . . . :

无线局域网适配器 本地连接* 3:

   媒体状态 . . . . . . . . . . . . : 媒体已断开连接
   连接特定的 DNS 后缀 . . . . . . . :

无线局域网适配器 本地连接* 12:

   媒体状态 . . . . . . . . . . . . : 媒体已断开连接
   连接特定的 DNS 后缀 . . . . . . . :

无线局域网适配器 WLAN:

   连接特定的 DNS 后缀 . . . . . . . :
   本地链接 IPv6 地址. . . . . . . . : fe80::740a:b1de:a155:910d%12
   默认网关. . . . . . . . . . . . . :
```

图 10.5 使用 Ipconfig -release 命令

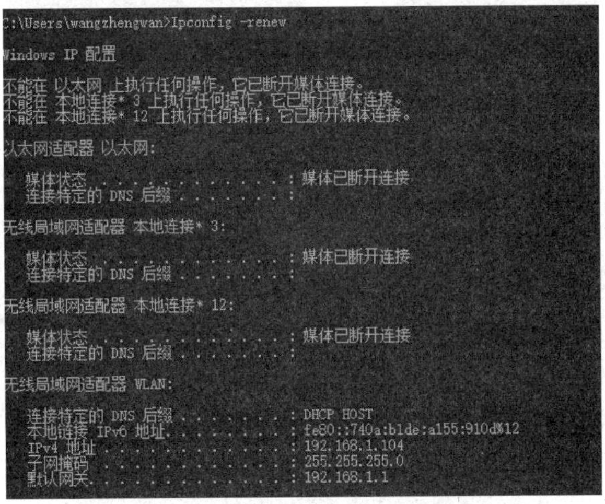

```
C:\Users\wangzhengwan>Ipconfig -renew

Windows IP 配置

不能在 以太网 上执行任何操作，它已断开媒体连接。
不能在 本地连接* 3 上执行任何操作，它已断开媒体连接。
不能在 本地连接* 12 上执行任何操作，它已断开媒体连接。

以太网适配器 以太网:

   媒体状态 . . . . . . . . . . . . : 媒体已断开连接
   连接特定的 DNS 后缀 . . . . . . . :

无线局域网适配器 本地连接* 3:

   媒体状态 . . . . . . . . . . . . : 媒体已断开连接
   连接特定的 DNS 后缀 . . . . . . . :

无线局域网适配器 本地连接* 12:

   媒体状态 . . . . . . . . . . . . : 媒体已断开连接
   连接特定的 DNS 后缀 . . . . . . . :

无线局域网适配器 WLAN:

   连接特定的 DNS 后缀 . . . . . . . : DHCP HOST
   本地链接 IPv6 地址. . . . . . . . : fe80::740a:b1de:a155:910d%12
   IPv4 地址 . . . . . . . . . . . . : 192.168.1.104
   子网掩码 . . . . . . . . . . . . : 255.255.255.0
   默认网关. . . . . . . . . . . . . : 192.168.1.1
```

图 10.6 使用 Ipconfig -renew 命令

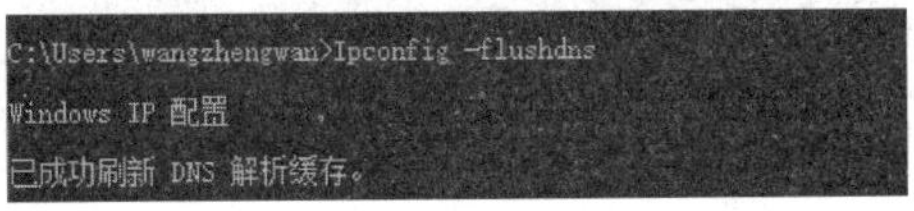

```
C:\Users\wangzhengwan>Ipconfig -flushdns

Windows IP 配置

已成功刷新 DNS 解析缓存。
```

图 10.7 使用 Ipconfig -flushdns 命令

(1) netstat -a：显示所有连接端口号，如图 10.8 所示。

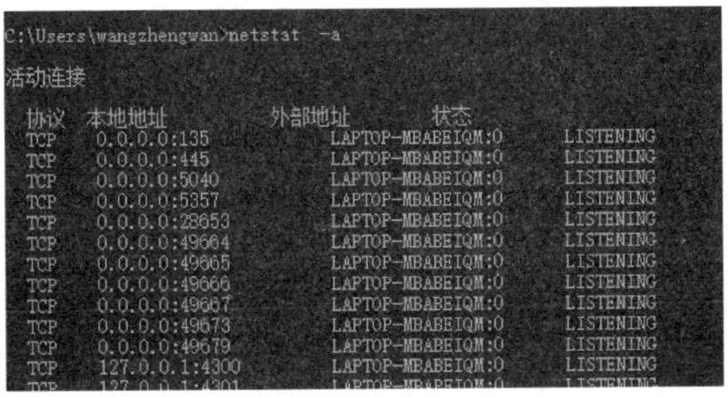

```
C:\Users\wangzhengwan>netstat  -a

活动连接

  协议  本地地址          外部地址            状态
  TCP    0.0.0.0:135          LAPTOP-MBABEIQM:0      LISTENING
  TCP    0.0.0.0:445          LAPTOP-MBABEIQM:0      LISTENING
  TCP    0.0.0.0:5040         LAPTOP-MBABEIQM:0      LISTENING
  TCP    0.0.0.0:5357         LAPTOP-MBABEIQM:0      LISTENING
  TCP    0.0.0.0:28653        LAPTOP-MBABEIQM:0      LISTENING
  TCP    0.0.0.0:49664        LAPTOP-MBABEIQM:0      LISTENING
  TCP    0.0.0.0:49665        LAPTOP-MBABEIQM:0      LISTENING
  TCP    0.0.0.0:49666        LAPTOP-MBABEIQM:0      LISTENING
  TCP    0.0.0.0:49667        LAPTOP-MBABEIQM:0      LISTENING
  TCP    0.0.0.0:49673        LAPTOP-MBABEIQM:0      LISTENING
  TCP    0.0.0.0:49679        LAPTOP-MBABEIQM:0      LISTENING
  TCP    127.0.0.1:4300       LAPTOP-MBABEIQM:0      LISTENING
  TCP    127.0.0.1:4301       LAPTOP-MBABEIQM:0      LISTENING
```

图 10.8 使用 netstat -a 命令

（2）netstat -e：显示连接以太网使用统计，如图 10.9 所示。

（3）netstat -n：显示 IP 地址和端口，如图 10.10 所示。

图 10.9 使用 netstat -e 命令

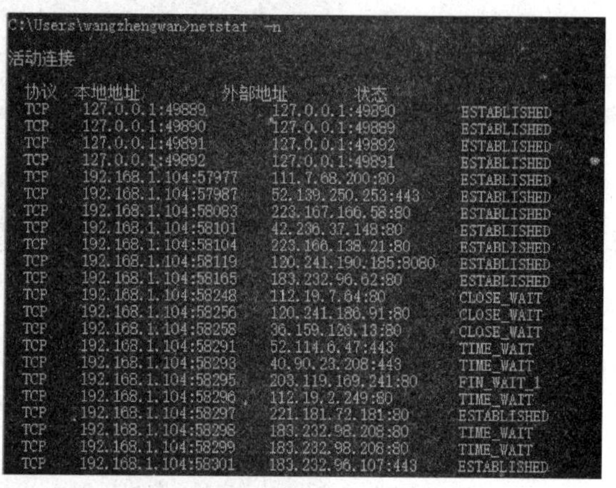

图 10.10 使用 netstat -n 命令

（4）netstat -r：显示连接本机路由表的使用情况，如图 10.11 所示。

```
C:\Users\wangzhengwan>netstat -r
===========================================================================
接口列表
 19...48 2a e3 2c c9 87 ......Intel(R) Ethernet Connection (4) I219-V
  7...48 f1 7f 1d a9 99 ......Microsoft Wi-Fi Direct Virtual Adapter #3
  5...4a f1 7f 1d a9 98 ......Microsoft Wi-Fi Direct Virtual Adapter #4
 12...48 f1 7f 1d a9 98 ......Intel(R) Dual Band Wireless-AC 8265
  1...........................Software Loopback Interface 1
===========================================================================

IPv4 路由表
===========================================================================
活动路由:
网络目标        网络掩码          网关       接口   跃点数
          0.0.0.0          0.0.0.0      192.168.1.1    192.168.1.104     40
        127.0.0.0        255.0.0.0            在链路上         127.0.0.1    331
        127.0.0.1  255.255.255.255            在链路上         127.0.0.1    331
  127.255.255.255  255.255.255.255            在链路上         127.0.0.1    331
      192.168.1.0    255.255.255.0            在链路上     192.168.1.104    296
    192.168.1.104  255.255.255.255            在链路上     192.168.1.104    296
    192.168.1.255  255.255.255.255            在链路上     192.168.1.104    296
        224.0.0.0        240.0.0.0            在链路上         127.0.0.1    331
        224.0.0.0        240.0.0.0            在链路上     192.168.1.104    296
  255.255.255.255  255.255.255.255            在链路上         127.0.0.1    331
  255.255.255.255  255.255.255.255            在链路上     192.168.1.104    296
===========================================================================
```

图 10.11 使用 netstat -r 命令

（5）netstat -s：显示本机 TCP、UDP、IP 等协议的使用情况，如图 10.12 所示。

3. ping

ping 是网络中使用非常频繁的 Windows 网络诊断命令，主要用于检测本机与另一台主机进行数据包交换，以检验网络是否连通或者网络数据传输速度是否正常。ping 命令的工作原理是通过本机给目标主机发送数据包，目标主机返回数据包，本机通过返回数据包来确定与目标主机是否连通或网速是否正常。

1）ping 127.0.0.1

在 DOS 窗口中，运行 ping 127.0.0.1(127.0.0.1 是测试本机用的数据回送地址）命令，如果能 ping 通表示该机 TCP/IP 协议工作正常，否则表示 TCP/IP 安装或运行存在问题，如图 10.13 所示。

```
C:\Users\wangzhengwan>netstat -s

IPv4 统计信息

  接收的数据包                    = 1652856
  接收的标头错误                  = 0
  接收的地址错误                  = 51
  转发的数据报                    = 0
  接收的未知协议                  = 3
  丢弃的接收数据包                = 6720
  传送的接收数据包                = 1653949
  输出请求                        = 1016765
  路由丢弃                        = 0
  丢弃的输出数据包                = 53
  输出数据包无路由                = 146
  需要重新组合                    = 22
  重新组合成功                    = 11
  重新组合失败                    = 0
  数据报分段成功                  = 4
  数据报分段失败                  = 0
  分段已创建                      = 8

IPv6 统计信息

  接收的数据包                    = 739
  接收的标头错误                  = 0
  接收的地址错误                  = 631
  转发的数据报                    = 0
```

图 10.12　使用 netstat -s 命令

```
C:\WINDOWS\system32\cmd.exe
Microsoft Windows [版本 10.0.18362.657]
(c) 2019 Microsoft Corporation。保留所有权利。

C:\Users\86135>ping 127.0.0.1

正在 Ping 127.0.0.1 具有 32 字节的数据:
来自 127.0.0.1 的回复: 字节=32 时间<1ms TTL=128
来自 127.0.0.1 的回复: 字节=32 时间<1ms TTL=128
来自 127.0.0.1 的回复: 字节=32 时间<1ms TTL=128
来自 127.0.0.1 的回复: 字节=32 时间<1ms TTL=128

127.0.0.1 的 Ping 统计信息:
    数据包: 已发送 = 4，已接收 = 4，丢失 = 0 (0% 丢失)，
往返行程的估计时间(以毫秒为单位):
    最短 = 0ms，最长 = 0ms，平均 = 0ms
```

图 10.13　使用 ping 127.0.0.1 命令

2）ping 本机 IP 地址

在 DOS 窗口中，运行 ping 本地 IP 地址命令，可检测本机网卡或本地配置是否正确，如果不通则是网卡出现故障，如图 10.14 所示。

3）ping 局域网路由器或其他计算机的 IP

首先 ping 路由器，不通则表示本机和路由器之间的线路存在问题。如果路由器正常再 ping 其他计算机，不通则可能是子网掩码不正确、路由器配置错误或通信线路存在问题等。

4）ping 网关 IP

该命令是检测本机与网关连接是否正常，如果能 ping 通，表示网关路由器工作正常，如图 10.15 所示。

5）ping 远程 IP 或主机域名

该命令是检测远程网络连接，ping 通则表示可以访问互联网，但不排除 DNS 的问题，

C:\WINDOWS\system32\cmd.exe
C:\Users\86135>ping 192.168.1.114
正在 Ping 192.168.1.114 具有 32 字节的数据:
来自 192.168.1.114 的回复: 字节=32 时间<1ms TTL=128
来自 192.168.1.114 的回复: 字节=32 时间<1ms TTL=128
来自 192.168.1.114 的回复: 字节=32 时间<1ms TTL=128
来自 192.168.1.114 的回复: 字节=32 时间<1ms TTL=128
192.168.1.114 的 Ping 统计信息:
数据包: 已发送 = 4, 已接收 = 4, 丢失 = 0 (0% 丢失),
往返行程的估计时间(以毫秒为单位):
最短 = 0ms, 最长 = 0ms, 平均 = 0ms

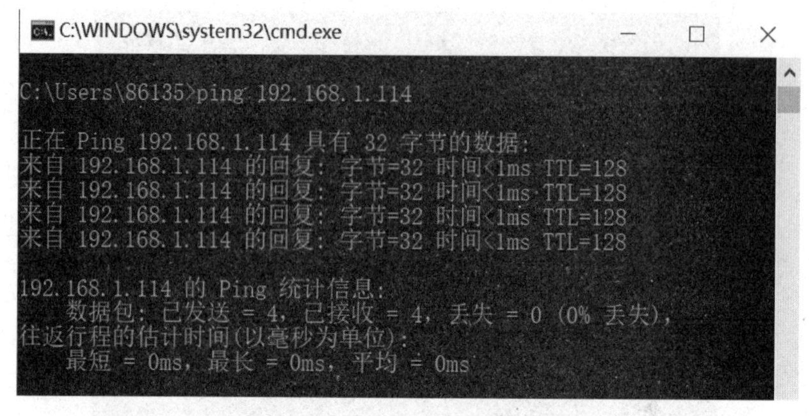

图 10.14 使用 ping 本机 IP 命令

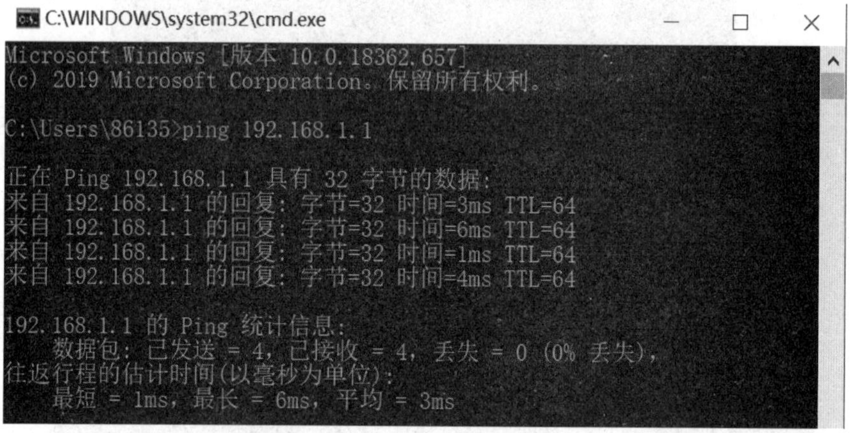

C:\WINDOWS\system32\cmd.exe
Microsoft Windows [版本 10.0.18362.657]
(c) 2019 Microsoft Corporation。保留所有权利。
C:\Users\86135>ping 192.168.1.1
正在 Ping 192.168.1.1 具有 32 字节的数据:
来自 192.168.1.1 的回复: 字节=32 时间=3ms TTL=64
来自 192.168.1.1 的回复: 字节=32 时间=6ms TTL=64
来自 192.168.1.1 的回复: 字节=32 时间=1ms TTL=64
来自 192.168.1.1 的回复: 字节=32 时间=4ms TTL=64
192.168.1.1 的 Ping 统计信息:
数据包: 已发送 = 4, 已接收 = 4, 丢失 = 0 (0% 丢失),
往返行程的估计时间(以毫秒为单位):
最短 = 1ms, 最长 = 6ms, 平均 = 3ms

图 10.15 使用 ping 网关 IP 命令

也可在 ping 命令后加上参数“-t”,不停地 ping 某个 IP,按 Ctrl+C 组合键结束命令,观察网络的连通性和网速,如图 10.16 所示。

C:\WINDOWS\system32\cmd.exe
Microsoft Windows [版本 10.0.18362.657]
(c) 2019 Microsoft Corporation。保留所有权利。
C:\Users\86135>ping www.baidu.com
正在 Ping www.a.shifen.com [61.135.169.125] 具有 32 字节的数据:
来自 61.135.169.125 的回复: 字节=32 时间=16ms TTL=55
来自 61.135.169.125 的回复: 字节=32 时间=16ms TTL=55
来自 61.135.169.125 的回复: 字节=32 时间=20ms TTL=55
来自 61.135.169.125 的回复: 字节=32 时间=16ms TTL=55
61.135.169.125 的 Ping 统计信息:
数据包: 已发送 = 4, 已接收 = 4, 丢失 = 0 (0% 丢失),
往返行程的估计时间(以毫秒为单位):
最短 = 16ms, 最长 = 20ms, 平均 = 17ms

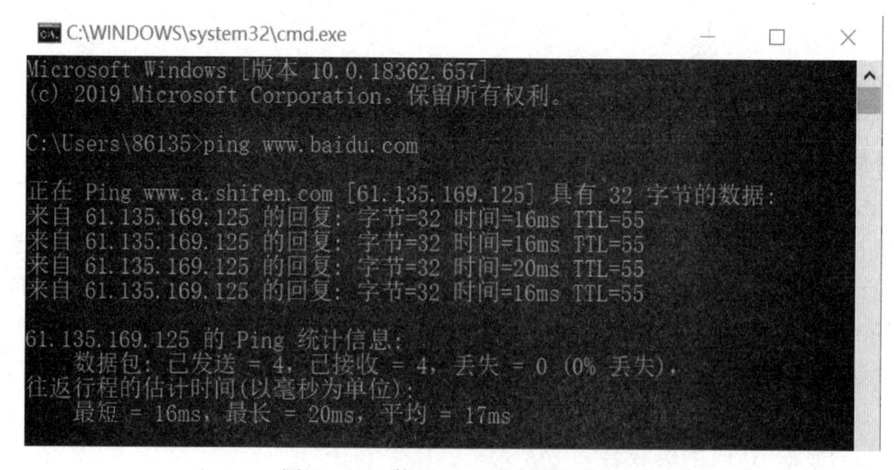

图 10.16 使用 ping 外网 IP 命令

4. tracert

tracert 是路由跟踪命令,用来追踪数据包到达目标主机所经过的全部路径、节点 IP 以及所耗费的时间,它得到的信息比 ping 命令要详细。

命令格式:

```
tracert [ - d][ - h maximumhops][ - j host_list] [ - w timeout]  IP 地址或主机名
```

(1) -d 不解析目标主机的名字,如图 10.17 所示。

```
C:\Users\wangzhengwan>tracert -d  www.163.com

通过最多 30 个跃点跟踪
到 z163ipv6.v.bsgslb.cn [112.19.242.135] 的路由:

  1    19 ms     6 ms     6 ms  192.168.1.1
  2     8 ms     2 ms     6 ms  172.17.128.1
  3     4 ms    10 ms    11 ms  10.5.0.37
  4     *        *        *     请求超时。
  5     8 ms     6 ms     *     10.5.0.69
  6     *        *        *     请求超时。
  7    33 ms    38 ms    41 ms  221.183.43.13
  8    54 ms     *        *     221.183.47.114
  9     *        *        *     请求超时。
 10    43 ms    57 ms    39 ms  223.87.26.178
 11    34 ms    65 ms    34 ms  183.223.118.178
 12    34 ms    31 ms    29 ms  112.45.190.214
 13     *        *        *     请求超时。
 14    32 ms    40 ms    49 ms  112.19.242.244
 15    35 ms    31 ms    29 ms  112.19.242.135

跟踪完成。
```

图 10.17 使用 tracert -d 命令

(2) -h maximum_hops 指定搜索到目标地址的最大跳跃数,如图 10.18 所示。

```
C:\Users\wangzhengwan>tracert -h 3 www.163.com

通过最多 3 个跃点跟踪
到 z163ipv6.v.bsgslb.cn [112.19.242.135] 的路由:

  1     1 ms     2 ms     1 ms  192.168.1.1
  2     *        *        *     请求超时。
  3     8 ms     4 ms     5 ms  10.5.0.37

跟踪完成。
```

图 10.18 使用 tracert -h maximum_hops 命令

(3) -w timeout 指定超时时间间隔,程序默认的时间单位是毫秒(ms),如图 10.19 所示。

```
C:\Users\wangzhengwan>tracert -w 3 www.163.com

通过最多 30 个跃点跟踪
到 www.163.com [183.236.54.79] 的路由:

  1    28 ms     5 ms     1 ms  192.168.1.1
  2    11 ms     8 ms     *     172.17.128.1
  3     8 ms     6 ms     8 ms  10.5.0.37
  4     *        *        *     请求超时。
  5     *        8 ms     *     10.5.0.69
  6     *        *        *     请求超时。
  7     *        *        *     请求超时。
  8     *        *        *     请求超时。
  9    43 ms     *        *     211.136.207.2
 10     *        *        *     请求超时。
 11     *        *        *     请求超时。
 12    43 ms    44 ms    40 ms  183.236.54.79

跟踪完成。
```

图 10.19 使用 tracert -w timeout 命令

任务2 掌握个人计算机常见网络故障处理方法

学习情境1 掌握网络常见硬件故障处理方法

1. 网线、电源线连接

当网络出现故障时，首先检查本机的网线与路由器或交换机是否正确连接，是否有松动现象，在连接正确的前提下，检查网卡、路由器或交换机工作指示灯是否正常，确保各网络设备的电源线连接正确。

2. 网络设备故障

在日常使用中，网络设备(路由器或交换机)长时间运行，负载过重或因散热原因导致系统运行过慢或死机，从而使网速变慢或网络不通，一般通过重启设备解决。

若由网络设备参数配置出错、系统文件丢失等问题导致网络不通，可对设备进行复位，重新设置网络账号、安全配置参数等操作。如果故障依然不能解除，进行宽带直接连接计算机测试，或更换网络设备测试。

学习情境2 掌握网络常见软件故障处理方法

(1) 检查计算机和路由器 IP 地址等参数设置是否正确。

(2) 偶发性故障。重启计算机、路由器等。

(3) 浏览器故障。检查浏览器参数设置，或用其他浏览器测试，或者重新安装浏览器。

(4) IP 地址、DNS 设置错误。重新设定 IP 地址和 DNS 服务器地址。

(5) 杀毒软件防火墙设置错误。临时关闭杀毒软件和防火墙进行测试，或者重新设置参数。

(6) 计算机中毒。升级杀毒软件、修补漏洞，全面查杀病毒等。

(7) 系统文件丢失、操作系统故障。根据故障现象进行有针对性的处理，或者重装系统。

简述计算机常见网络故障的解决方法。

试着重新设置和连接宿舍或家庭网络，掌握网络连接的方法。

蒂姆·伯纳斯·李(Tim Berners-Lee)(见图 10.20)，生于 1955 年 6 月 8 日，是英国计

算机科学家，万维网的发明者。1991 年 8 月 6 日，世界上第一个万维网网站上线，但蒂姆·伯纳斯·李没有把这一发明当作发财的工具，而是无偿的向全世界开放，从而改变了人类生活的方式。他因发明万维网、第一个浏览器和使万维网得以扩展的基本协议和算法而获得 2016 年度图灵奖。

图 10.20 万维网之父：蒂姆·伯纳斯·李

附录 A

计算机硬件检测工具使用

A.1 数字万用表使用

万用表是电子设备检修中常用的检测工具，一般用来检测电流、电阻、电压、电容等，可以说掌握万用表的使用方法是计算机等电子设备检修的基础技能。万用表根据检测原理分为数字万用表和指针万用表，如附图 A.1 所示，在此只讲解数字万用表的使用。

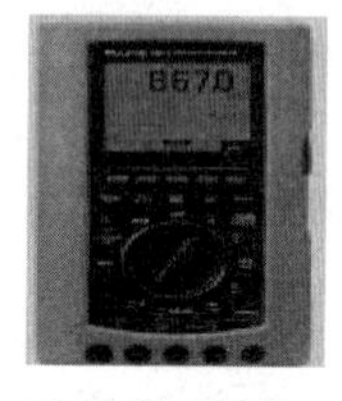
(a) 数字万用表

(b) 指针万用表

附图 A.1　万用表

A.1.1 数字万用表的特点

1. 准确度高

以 DCV 测量挡位为例，从低挡数字万用表到高挡数字万用表之间，准确度为±0.0005%～±0.5%。

2. 显示直观

直接显示测量出来的读数，普通用户也能使用。

3. 测量速率快

测量速度每秒可以达到几十至几百次，高挡次的甚至可以达到上万次。

4. 测量功能强

可测 DCV、ACV、DCA、ACA、Ω、U_F、h_{FE}、C、f、T、G 等。

5. 低功耗

整机功率低，普通万用表的功耗为 30～40mW，高端万用表的功耗一般为几十瓦，采用交流电。

A.1.2 数字万用表的使用与保养

1. 电压测量

将黑笔插入 COM 孔，红笔插入 VΩHz 孔，先确定要测量的电压是直流还是交流，估计待测量电压值，将功能开关置于量程范围，如显示“1”，则表示已超过量程，需要调高量程范围。

2. 电流测量

将黑笔插入 COM 孔，在被测电流在 200mA 以下时红笔要插 A 孔，在被测电流在200mA～20A 之间时，红笔要插 20A 插孔，先确定测量的电流是直流还是交流，估计待测的电流值，将功能开关置于量程范围，测量笔要串联接入被测电路中，如显示“1”，则表示已超过量程，需要调高量程范围。

3. 电阻测量

将黑笔插入 COM 孔，红笔插入 VΩHz 孔，将功能开关置于 Ω 量程上，测量笔要跨接在被测电阻两端，当电路开路时会显示过量程状态“1”，如被测电阻超过所用量程，则会显示“1”，需要调高量程范围。

4. 电容测量

测试电容器时，要将电容的脚插进电容插孔中，注意测量前要将电容器的电放完。

5. 逻辑电平测试

将黑笔插入 COM 孔，红笔插入 VΩHz 孔，将功能开关置于 LOGIC 量程，将黑笔接“地”端，红笔接测试端。有以下几种情况。

- 当测试端电平≥2.4V 时，逻辑电平显示▲。
- 当测试端电平≤0.7V 时，逻辑电平显示▼。
- 当测试端开路时，逻辑电平显示▲。

6. 二极管测量

将黑笔插入 COM 孔，红笔插入 VΩHz 孔，功能开关置于—▶|—挡，并把测试笔跨接在被测二极管两端，注意红笔为内电路“+”极端。

7. 保养

(1) 普通数字万用表不要测量高于 1000V 直流和 750V 以上交流电压。

(2) 更换电池及保险丝时要拔掉测量笔及关电后进行。

(3) 万用表长时间不用时，要把电池取出来，防止电池过期电解液漏出腐蚀万用表的电路。

A.2 示波器使用

A.2.1 示波器的作用

电子示波器(简称示波器)(见附图 A.2)能够直观地显示各种电信号的波形，可将电压随时间变化规律显示在荧光屏上，以便观测信号的振幅、周期、频率、位相等变化规律，如附图 A.3 所示。

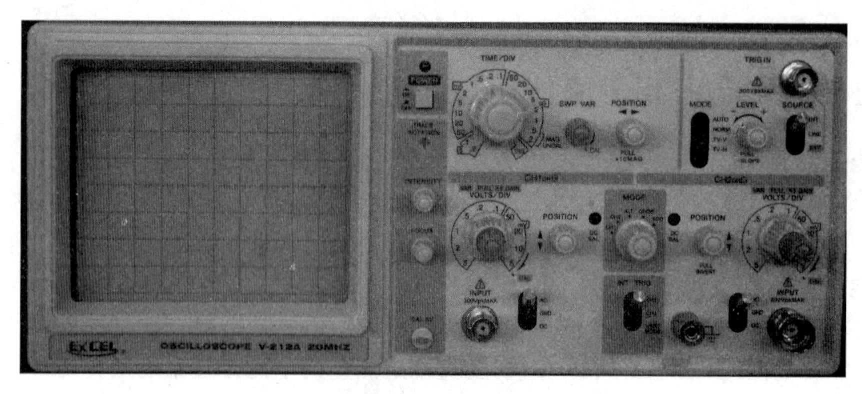

附图 A.2　示波器

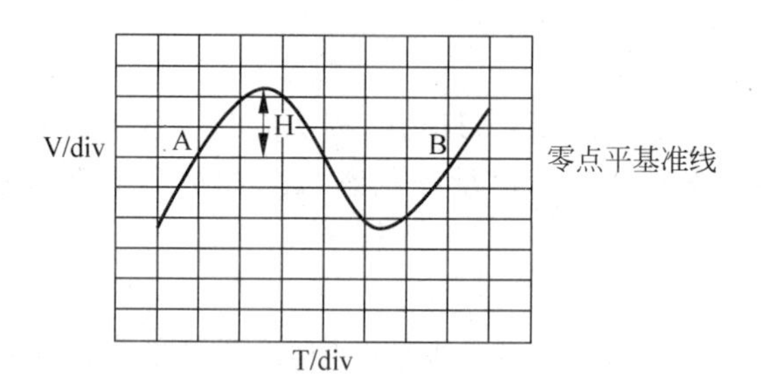

附图 A.3　示波器波形图样

A.2.2　示波器的使用

1. 荧光屏

荧光屏是示波器的显示部分，水平方向表示时间，垂直方向表示电压，信号波形表示电压和时间之间的关系（见附图 A.3）。

2. 示波管和电源系统

（1）电源（Power）开关：按下为开，同时电源指示灯亮。

（2）辉度（Intensity）：调节光点和扫描线亮度。

（3）聚焦（Focus）：调节扫描线清晰度。

（4）标尺亮度（Illuminance）：调节屏幕亮度。

3. 垂直偏转因数和水平偏转因数

选择垂直偏转因数（VOLTS/div）并可进行微调，以及时基选择（TIME/div）和微调。

4. 输入通道和输入耦合选择

（1）输入通道可选择通道 1（CH1）、通道 2（CH2）、双通道（DUAL）。

（2）输入耦合方式可选择交流（AC）、地（GND）、直流（DC）。

5. 测量信号

如测得波峰到波谷偏转是 4.5°，VOLTS/div 开关置 1，用×10 衰减倍率，则电压＝4.5×1×10＝45(V)。

A.3 微型计算机拆焊台使用

微型计算机拆焊台主要用于拆卸和焊接电子元器件，如附图 A.4 所示。

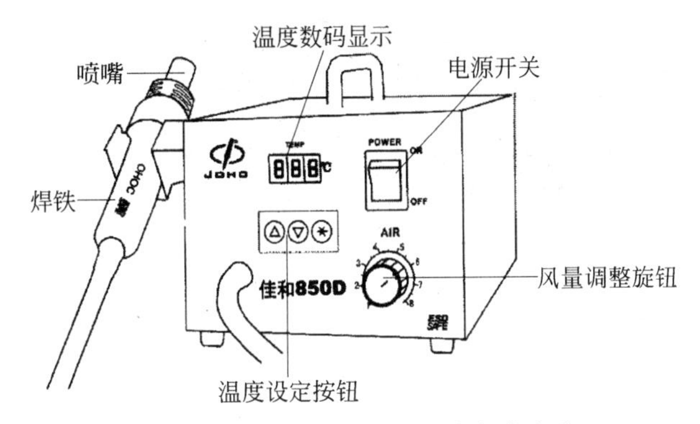

附图 A.4 微型计算机拆焊台部件名称

A.3.1 除锡过程

(1) 打开电源开关。

(2) 设置温度值和气流值。

(3) 将芯片起拨器置于集成电路块之下。

(4) 待温度达到设定值后，用喷嘴对准熔化焊剂，用喷出的热气熔化焊剂。

(5) 待焊剂熔化时，提起芯片起拨器，拆下集成电路块。

(6) 关闭电源。不要直接拔掉电源，当喷嘴气温低于 100℃ 时，会自动关机。

(7) 消除焊剂残余。

A.3.2 焊接过程

(1) 涂抹适量锡膏，将芯片放在电路板上。

(2) 预热，如附图 A.5(a)所示。

(3) 焊接。向引线框均匀喷出热气，如附图 A.5(b)所示。

(4) 焊接完毕，清理干净。

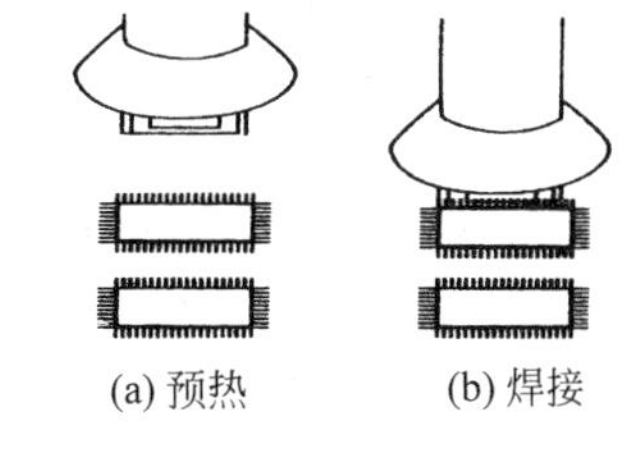

附图 A.5 预热和焊接

A.4 主板诊断卡使用

主板诊断卡可以帮助我们快速诊断出主板故障原因，如附图 A.6 所示。部分典型出错代码含义如下。

(1) C1：内存条读写错误。

(2) 0D：没有检测到显卡。

(3) 2B：没有检测到硬盘。

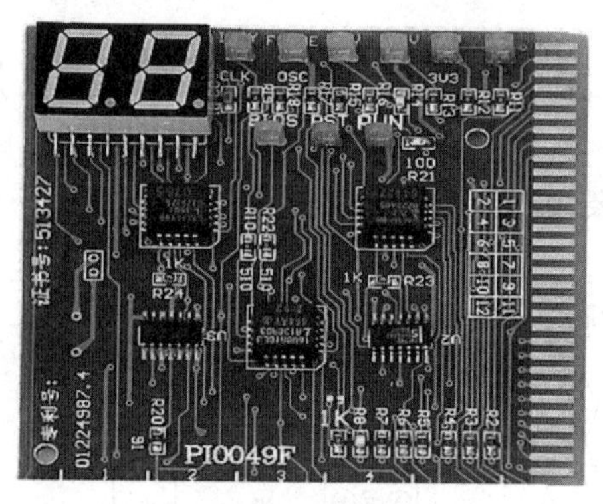

附图 A.6　主板诊断卡

(4) FF：检测通过。如果开机就显示 FF,则可能是 CPU 出现问题。

A.5　网络电缆测试仪使用

网络电缆测试仪主要用于检测网线的通断,如附图 A.7 所示。

附图 A.7　网络电缆测试仪

A.5.1　RJ-45 插头的线序

(1) 568A 标准如附表 A.1 所示。

附表 A.1　568A 标准

引脚顺序	介质直接连接信号	颜　　色
1	TX+(传输)	白绿
2	TX−(传输)	绿
3	RX+(接收)	白橙
4	不使用	蓝
5	不使用	白蓝
6	RX−(接收)	橙
7	不使用	白棕
8	不使用	棕

(2) 568B 标准如附表 A.2 所示。

附表 A.2　568B 标准

引脚顺序	介质直接连接信号	颜　色
1	TX+(传输)	白橙
2	TX−(传输)	橙
3	RX+(接收)	白绿
4	不使用	蓝
5	不使用	白蓝
6	RX−(接收)	绿
7	不使用	白棕
8	不使用	棕

A.5.2　EIA/TIA 的线序标准

EIA/TIA 的线序标准如附表 A.3 所示。

附表 A.3　EIA/TIA 的线序标准

引脚顺序	A 端(网线的一端)	B 端(网线的另一端)
直通线	568A	568A
交叉线	568B	568A

同类型的设备互连用交叉线,不同类型的设备互连用直通线,如果设备可以自适应,要求就没有这么严格了。

A.5.3　网线测试仪的使用方法

(1) 直通线:主测试仪指示灯从 1 到 8 逐个闪亮,远程测试端指示灯也从 1 到 8 逐个闪亮。

(2) 交叉线:主测试仪指示灯从 1 到 8 逐个闪亮,远程测试端指示灯按 3、6、1、4、5、2、7、8 的顺序逐个闪亮。

附 录 B

计算机英文缩略词汇

3D(Three Dimensional,三维)
3DNow!(3D no waiting)
3DS(3D SubSystem,三维子系统)
AAT(Average Access Time,平均存取时间)
AC(Audio Codec,音频多媒体数字信号编解码器)
ACPI(Advanced Configuration and Power Interface,先进设置和电源管理)
AGP(Accelerated Graphics Port,图形加速接口)
ALU(Arithmetic Logic Unit,算术逻辑单元)
AMR(Audio/Modem Riser;音效/调制解调器主机板附加直立插卡)
ATC(Access Time from Clock,时钟存取时间)
Auxiliary Input(辅助输入接口)
AV(Analog Video,模拟视频)
BIOS(Basic Input/Output System,基本输入/输出系统)
CG(Computer Graphics,计算机生成图像)
CISC(Complex Instruction Set Computing,复杂指令集计算机)
CLK(Clock Cycle,时钟周期)
CMOS(Complementary Metal Oxide Semiconductor,互补金属氧化物半导体)
COB(Cache on Board,板上集成缓存)
COD(Cache on Die,芯片内集成缓存)
CPU(Center Processing Unit,中央处理器)
CRT(Cathode Ray Tube,阴极射线管)
CS(Channel Separation,声道分离)

DDR SDRAM(Double Date Rate,双数据率 SDRAM)
DFS(Digital Flex Scan,数字伸缩扫描)
DIB(Dual Independent Bus,双独立总线)
DIMM(Dual In-line Memory Modules,双重内嵌式内存模块)
DMA(Direct Memory Access,直接内存存取)
DRAM(Dynamic Random Access Memory,动态随机存取存储器)
DRDRAM(Direct RAMbus DRAM,直接 RAMbus 内存)
DSP(Digital Signal Processing,数字信号处理)
DVD(Digital Video Disk,数字视频光盘)
DVI(Digital Video Interface,数字视频接口)
ECC(Error Checking and Correction,错误检查修正)
EEPROM(Electrically Erasable Programmable ROM,电擦写可编程只读存储器)
EIDE(Enhanced Integrated Drive Electronics,增强形电子集成驱动器)
FAT(File Allocation Tables,文件分配表)
FM(Flash Memory,快闪存储器)
FSB(Front Side Bus,前置总线,即外部总线)
FPU(Float Point Unit,浮点运算单元)
GPU(Graphics Processing Unit,图形处理器)
IDE(Integrated Drive Electronics,电子集成驱动器)
Instructions Cache(指令缓存)
Instruction Coloring(指令分类)
I/O(Input/Output,输入/输出)
IR(Infrared Ray,红外线)
KBC(KeyBroad Control,键盘控制器)
LBA(Logical Block Addressing,逻辑块寻址)
LCD(Liquid Crystal Display,液晶显示屏)
LED(Light Emitting Diode,发光二极管)
lighting(光源)
NBC(North Bridge Chip,北桥芯片)
MBR(Master Boot Record,主引导记录)
MFLOPS(Million Floationg Point/Second,每秒百万个浮点操作)
MHz(Million Hertz,兆赫兹)
MIDI(Musical Instrument Digital Interface,乐器数字接口)
MMX(MultiMedia Extensions,多媒体扩展指令集)
MMU(Multimedia Unit,多媒体单元)
MTBF(Mean Time Before Failure,平均故障时间)
PCB(Printed Circuit Board,印制电路板)
PCI(Peripheral Component Interconnect,互连外围设备)
PIB(Processor In a Box,盒装处理器)

pixel(像素,屏幕上的像素点)
PIO(Programmed Input Output,可编程输入/输出模式)
point light(点光源)
POST(Power On Self Test,加电自测试)
PPGA(Plastic Pin Grid Array,塑胶针状矩阵封装)
PQFP(Plastic Quad Flat Package,塑料方块平面封装)
RDRAM(Rambus Direct RAM,直接型 Rambus RAM)
RISC(Reduced Instruction Set Computing,精简指令集计算机)
RTC(Real Time Clock,实时时钟)
SBC(South Bridge Chip,南桥芯片)
SPD(Serial Presence Detect,串行存在检查)
SRAM(Static Random Access Memory,静态随机存取存储器)
Throughput(吞吐量)
USB(Universal Serial Bus,通用串行总线)
ZIF(Zero Insertion Force,零插力)

附　录　C

常用专业术语注释

(1) 计算机硬件(Hardware)：由具体的实物部件组成，如主板、中央处理器、内存条、显示器等。

(2) 软件(Software)：控制计算机硬件运行的系统程序和应用程序。

(3) 计算机系统(Computer System)：由计算机硬件和软件组成，能够正常运行的完整系统。

(4) 操作系统(Operation System)：用于协调、管理和控制计算机的所有资源与工作流程。

(5) 应用软件(Application Software)：用于解决用户的工作或其他需求而开发的应用程序。

(6) 系统软件(System Software)：操作系统是典型的系统软件，主要是负责管理和协调计算机系统硬件与软件资源，为应用软件服务。

(7) 源代码(Source Code)：以人类可阅读的形式(编程语言)表示的初始的计算机程序，在计算机执行之前，须译成机器可阅读的形式(机器语言)。

(8) 伪代码(Pseudocode)：是一种非正式的，类似于英语结构的，用于描述模块结构图的语言。

(9) 外围设备(Peripheral Equipment)：计算机系统主机以外的部件，如硬盘、显示器、打印机等。

(10) 黑盒测试(Black Box Testing)：测试者只依靠系统需求说明书，从可能的输入条件和输出条件中确定测试数据，也就是根据系统的功能或外部特性，不考虑内部结构。

(11) 白盒测试(White Box Testing)：即结构测试或逻辑驱动测试，允许测试者考虑系统的内部结构，并根据系统内部结构设计测试项目，不用考虑系统功能。

(12) IP 地址(Internet Protocol Address)：互联网协议地址，又译为网际协议地址。IP

地址是 IP 协议提供的一种统一的地址格式，它为互联网上的每一个网络和每一台主机分配一个逻辑地址，以此来屏蔽物理地址的差异。

(13) 服务器(Server)：比普通计算机运行更快、负载更高、价格更贵、结构更复杂，它具有高速的 CPU 运算能力、长时间的可靠运行、强大的 I/O 外部数据吞吐能力以及更好的扩展性。

(14) 局域网(Local Area Network)：局部区域形成的一个局部网络，其特点是分布地区范围有限，可以是建筑物内部或之间的网络连接，也可以是办公室内部或之间的网络连接。

(15) 计算机漏洞(Computer vulnerability)：在硬件、软件、协议或安全策略上存在缺陷，使攻击者能够在未授权的情况下访问或破坏系统。

(16) 软件补丁(Software Patches)：针对软件在使用过程中的缺陷问题，由软件开发者发布的修补漏洞的小程序。

(17) 软件升级(Software Update)：软件从低版本向高版本的更新，由于高版本常常修复低版本的部分 Bug，所以升级后的软件一般都会比原版本的性能更好，或者更加安全。

(18) 黑客(Hacker)：专门入侵他人计算机系统的计算机操作高手，程序设计能力特别强。

参考文献

[1] 何新洲，刘振栋，熊辉，等. 计算机组装与维护[M]. 北京：清华大学出版社，2015.
[2] 袁春风. 计算机组成与系统结构[M]. 北京：机械工业出版社，2014.
[3] 冯建文. 计算机组成原理与系统结构实验指导书[M]. 北京：高等教育出版社，2015.
[4] 彭泽伟，等. 电脑故障排除与维修[M]. 北京：北京希望电子出版社，2016.
[5] 创客诚品. 电脑组装[M]. 北京：北京希望电子出版社，2017.
[6] 张军. 主板维修从入门到精通[M]. 北京：科学出版社，2019.
[7] 王正万. 电脑软硬件维修从入门到精通[M]. 北京：机械工业出版社，2015.
[8] 王正万. 计算机组装与维护教程 2013[M]. 成都：西南交通大学出版社，2013.
[9] 杨云江，李凯文. 计算机组装与维护实用教程[M]. 北京：清华大学出版社，2014.
[10] 杨云江. 计算机网络基础[M]. 3 版. 北京：清华大学出版社，2018.
[11] http://www.it168.com.
[12] http://www.pconline.com.cn.
[13] http://www.cfanclub.net.
[14] http://baike.baidu.com.

参考文献

[illegible]